乡村振兴与农业产业振兴实务丛书

现代农业展示温室设计与案例分析

主　编　张天柱

指导专家　梁伊任　曹　华　郭文忠　张德纯

参　编　李伟平　王　静　张　杰　刘　焱　赵英杰
　　　　　　强笑野　王萌萌　刘川川　冯文佳　刘　佳
　　　　　　于濮玮　李贝贝　孙皎皎　何小凡　亓德明
　　　　　　李　旭　傅常智　刘彩霞　房志超　陈燕红
　　　　　　郭唯伟　王朝栋

中国轻工业出版社

图书在版编目（CIP）数据

现代农业展示温室设计与案例分析/张天柱主编. — 北京：中国轻工业出版社，2021.5
（乡村振兴与农业产业振兴实务丛书）
ISBN 978-7-5184-3364-3

Ⅰ.①现⋯ Ⅱ.①张⋯ Ⅲ.①温室－设计－案例 Ⅳ.①S625

中国版本图书馆CIP数据核字（2020）第265323号

责任编辑：伊双双　　责任终审：李建华　　整体设计：锋尚设计
责任校对：朱燕春　　责任监印：张　可

出版发行：中国轻工业出版社（北京东长安街6号，邮编：100740）
印　　刷：三河市国英印务有限公司
经　　销：各地新华书店
版　　次：2021年5月第1版第1次印刷
开　　本：710×1000　1/16　印张：11.5
字　　数：220千字
书　　号：ISBN 978-7-5184-3364-3　定价：58.00元
邮购电话：010-65241695
发行电话：010-85119835　传真：85113293
网　　址：http://www.chlip.com.cn
Email：club@chlip.com.cn
如发现图书残缺请与我社邮购联系调换
200668K1X101ZBW

前 言

21世纪初，北京中农富通园艺有限公司开始关注现代农业观光温室设计和建造，并于2016年出版了《现代农业观光温室景观设计与案例分析》。结合多年来对国内外现代农业展示温室考察学习及在全国各地的相关建设实践，我们总结发现，除了农业观光温室，植物园系统的展览温室和以世园会、花博会为背景的展览温室，进行规模化园艺生产和科研的展示温室以及具有综合功能（如餐饮、展销）的温室在我国近期建设中方兴未艾。现代农业展示温室通过温室将生态理念融入展示设计中，对城乡环境进行改善与利用，使其形成具有经济效益和生态效益的典型景观，使人们的生活质量和文化环境质量得到了提升，是社会精神文明和物质文明融合创新的产物。

目前我国对农业展示温室进行系统研究的书籍尚不多见，相关著述内容主要集中在温室建筑结构，环境调控设施、设备和技术方面以及植物的选育等方面，而对农业展示温室发展历程、功能组成及类型、景观特质分析和营造方法等方面研究甚少。

随着现代农业及设施园艺的不断发展，现代温室已经不局限于农业生产，成为一个与产业、社会、人的需求密切关联的空间载体，进入到一个新的发展阶段。随着社会经济不断发展，时代不断进步，人们的需求不断升级，温室的功能和建设形式也随之升级，成为助力人们对美好生活向往的重要载体。研究和探索现代农业展示温室的功能选择、硬件工程建设要求、内部空间设计及运作模式等，都是现代农业展示温室发展的重要课题。

本书在《现代农业观光温室景观设计与案例分析》（中国轻工业出版社，2013年）一书基础上，对现代农业展示温室的类型及特点进行了详细论述，并根据实践经验，梳理了创新拓展现代温室功能的设计目标和设计步骤，重点阐述了建筑工程设计和景观设计的原则及方法等，较全面的论述旨在供各地建设现代的展示温室项目时参考应用。

由于时间仓促,水平有限,书中错漏之处在所难免,希望读者不吝斧正。

2020年12月

目 录

第一章
概述
  第一节 现代农业展示温室的概念和特征 ……………… 2
  第二节 国外农业展示温室的发展历程 ……………… 5
  第三节 中国农业展示温室的发展历程 ……………… 10

第二章
现代农业展示温室的功能与分类
  第一节 现代农业展示温室的功能与用地性质 ……………… 18
  第二节 现代农业展示温室的分类 ……………… 20
  第三节 现代农业展示温室相关理论 ……………… 30

第三章
现代农业展示温室的设计目标与步骤
  第一节 设计目标：创新拓展现代温室功能 ……………… 44
  第二节 现代农业展示温室的设计步骤 ……………… 47

第四章
现代农业展示温室建筑工程设计
  第一节 现代农业展示温室建筑工程设计的基本要求 …… 68
  第二节 现代农业展示温室建筑工程设计的内容 ………… 70
  第三节 现代农业展示温室建筑工程的改良设计 ………… 81
  第四节 5G时代农业展示温室物联网设计 ……………… 84

第五章
现代农业展示温室景观设计
  第一节 现代农业展示温室景观构成要素 ……………… 92
  第二节 现代农业展示温室景观设计的原则与依据 ……… 94
  第三节 现代农业展示温室景观设计法则 ……………… 96

第六章
现代农业展示温室案例分析

- 第一节 展览型温室 126
- 第二节 高科技农业展示温室 134
- 第三节 综合服务型温室 153
- 第四节 生产依托型温室 159

第七章
现代农业展示温室发展对策与展望

- 第一节 我国现代农业展示温室发展对策 170
- 第二节 我国现代农业展示温室发展展望 173

参考文献 175

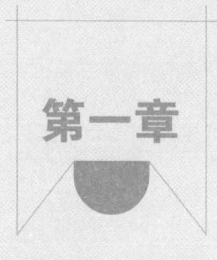

第一章

概 述

现代农业展示温室是人类文明史上的一大发明，是农业现代化的重要标志。纵览全球，温室发展可追溯到公元前30年，从最简易的园艺设施栽培，到复杂的大型钢架温室产业化生产，人们在一次次突破自然规律约束的同时，追求着更高效的生产目标，温室也承载着越来越多建筑空间的功能，不断创造着新的价值。

第一节
现代农业展示温室的概念和特征

一、现代农业展示温室的相关定义

（一）温室

关于温室的定义有多种，大体可以归为两类：一类是对温室狭义的理解，强调防寒保暖以及冬季生产的概念，即认为温室又称暖房，指有防寒、加温和透光等设施，供冬季培育喜温植物的建筑物；另一类是广义的理解，即温室是以采光覆盖材料作为全部或部分围护结构材料，可以在冬季或其他不适宜露地植物生长的季节，或在不能进行露地自然生长的地域供栽培植物的建筑物。现代温室还应指能控制或部分控制植物生长环境的建筑物，用于非季节性或非地域性的植物栽培、科学研究、加代育种和观赏植物栽培等。由于在热带地区也建设有适于高山冷凉气候区植物生长的"冷室"，因此广义的温室定义更符合本书所指温室的内涵。

（二）农业观光温室

农业观光温室是指以现代温室为载体，按照景观规划设计和旅游规划原理，运用现代高新农业科学技术，将自然景观要素、人文景观要素和景观工程要素进行合理融合和布局，具有完整景观体系和旅游功能的新型农业景观形态。农业观光温室是现代农业展示温室的类型之一，因此其定义并不能涵盖本书所论述的现代农业展示温室的概念。

（三）现代农业展示温室

现代农业展示温室是利用现代科技，通过人工创造适宜的气候条件，栽培和保护植物资源，展示生长在不同地域和气候条件的植物及其生存环境的绿色休闲场所，也是进行作物栽培和适应性研究以及农林生产、科研、科普宣传、教育的基地，是青少年和游客认识自然界生物多样性的重要场所。现代农业展示温室是现代温室技术与建筑学、植物学、园艺学、生态学、环境工程学、管理学、美学等多学科知识相结合的综合体现，其独特的造型、适宜的环境、丰富的内容、多元的功能成为现代农业文明及城市文明进步的重要标志，成为人们亲近自然、回归自然、与自然和谐共荣的奇妙乐园。

温室是设施农业的重要组成部分，是综合应用工程装备技术、生物技术和环境技术，按照动植物生长发育所要求的最佳环境，进行动植物生产的现代农业生产方式。现代农业展示温室是一个动态的概念，随着时代的发展和进步，温室现代化水平也在日益提高和完善。并且，随着社会需求的不断增长，温室功能也在不断拓展，从单一的生产功能不断衍生出多功能，温室空间相应得到更多的设计和利用。

（四）景观

"景观"一词最早出现在希伯来文《圣经》的旧约全书中，它被用来描写所罗门皇城（耶路撒冷）的瑰丽景色。17世纪，"景观"作为绘画术语引入英语，意为"描绘内陆自然风光的绘画，区别于肖像、海景等"。18世纪，"景观"同"园艺"联系起来，与设计行业有了密切的关系。中国景观学科先驱陈植先生首先在其1935年出版的著作《造园学概论》中使用了"景观"一词，有"景色""景致"和"景物"等意思。中国1979年出版的《辞海》中第一次收录了"景观"词条，从此中国的园林界便开始有意识使用"景观"一词，兼有视景和地理学上的意义。

现代语境下景观是多种意义的集合体，"它兼有视景和地域综合体的含义"，涵盖了地理学、生态学、设计学三个学科。随着景观内涵的丰富和景观类型的增加，景观已经从古典时期的花园和庭园，扩展到城市公园、城市广场、城市社区、滨水绿地、旅游休闲地、自然和历史遗产、国家公园，不同类型的景观，不同尺度的景观，都是为了满足不同人群不同层次的需要空间。

现代农业展示温室的景观即为在现代农业展示温室范围内，由各种环境要素所构成的，通过多种技术手段和艺术手法创造的为人们所感知的形式信息的总和，以及由形式、文化内涵和特定的功能内容给人们带来审美愉悦的综合体。不同于一般室外园林景观，展示温室景观在环境气候、功能要求、空间营造、植物及硬景材料上都体现不同的特质。具体景观构成要素及特质分析将在第五章论述。

二、现代农业展示温室的特征

现代农业展示温室除了具有一般观光休闲旅游项目的特征外，还应具有如下特点。

（一）以高新科学技术为支撑

现代农业展示温室作为一种新颖的景观形态，从项目的整体设计到生产和管理都突出其较高的科技含量。现今已建成的展示温室大多已实现现代化、智能化，展示的内容包括珍奇植物的栽培、农业高新科技试验等，展现出先进的生物工程技术、环境工程技术、温室景观工艺、栽培技术和组织培养技术等。在管理上运用先进的物联网技术，在温室内设置温度、湿度、光照强度、二氧化碳浓度等监控传感器，技术人员根据植物不同生长时期所需参数进行监控和调节。现代化的自动控制技术和计算机管理技术等使植物（作物）和环境达到和谐与统一，既可以实现高产、优质、高效的生产目的，同时也为反季节、跨区域种植景观的营造创造了基础条件。

（二）品种丰富，景观新奇

现代农业展示温室除了运用园林植物品种，更包括对园艺作物的运用，包括各种品类丰富的蔬菜、果树、花卉。例如，蔬菜品种中，有保健菜、食疗菜、美容菜、袖珍菜、观赏菜等；花卉品种中，有各类观赏花卉、药用花卉、食用花卉等；果树也有南方果树和北方果树两个大类。温室内形态特异的巨人南瓜、千奇百怪的蔬果、新奇绚丽的花卉等极具视觉冲击力和吸引力，此类植物景观是一般室外园林植物景观所没有的，这极大地增强了温室景观的新奇性和独特性。

现代农业展示温室中植物以墙体种植、管道种植和仿生种植等形式表现出独特的温室景观。在土壤栽培、基质栽培、水栽培、喷雾栽培等高新农业技术的支持下，园艺研究人员创造出了立柱式、管道式、墙面式、槽式、箱式、树式和床面式等全新的种植方式。造园者根据某些植物的生长习性塑造出几何形、自然形、不规则形的植物景观栽培形式，并结合传统园林中的孤植、丛植、片植等种植方式，梯田式、起伏式、屏障式等造景方式，塑造出形式多样、新奇迷人的温室景观。

农业劳动的形式、劳动器具、生活习俗、农业活动、农业工艺等也成为现代农业展示温室景观设计可挖掘和开发的资源。而温室的造型结构、科技设施、室外园林景观设计的要素等，同样也可作为现代农业展示温室景观规划设计的要素。这些都是现代农业展示温室景观创意的源泉。

（三）文化内涵丰富，体验参与性强

现代农业展示温室可以充分展示农耕文化、民俗文化、地域风情等，不仅增加了温室景观的文化内涵，而且丰富了温室景观的生活气息。其较强的参与性首先表现在农事活动方面，现代农业展示温室可以根据农林作物的生长特点安排果实采摘、种植加工等；也可以设置儿童活动场地、休闲茶座等增加活动及休憩空间；还可根据市场需要进行餐饮娱乐项目的开发。

（四）生产力强，产品安全

以生产为主的现代温室，利用保护地的设施设备，可以人为地创造更适合植物趋向高产优质的生长发育条件，并结合各种高新农业技术，使得园艺种苗、蔬果、花木等农作物可以高产量、工厂化、精准化生产。现代温室的工厂化生产实现了喜温作物的越冬栽培，促成早熟栽培和秋冬延后栽培，有利于大量的优质产品能够一年四季均衡供应市场。由于温室环境具有可调控性，能对作物生长情况做出判断，有效预防病虫害发生，

因此能减少化肥、农药、除草剂的使用，使得温室内生产的农林产品受污染程度低，产品更安全。游客在参观的同时，除了能采购到新鲜的绿色产品，也能了解栽培管理的先进技术。

第二节　国外农业展示温室的发展历程

据记载，罗马人最早进行反季节果树和花卉栽培。早在公元前30，罗马哲学家塞涅卡（Seneca）就记载了古罗马皇帝提比略（Tiberius）建造的温室，用云母片作为屋顶透光材料种植早熟黄瓜。此后，各种保温技术相继出现和发展。到了16、17世纪，欧洲出现了接近于现代温室形态的设施栽培方式。德国最早的温室是1619年用木板组装成的85.34m×9.75m临时性双面屋温室，据说是一名牧师用该温室来种植中草药。到1717年，欧洲研究开发了屋顶周围都用玻璃覆盖的温室。建于1761年英国皇宫内的柑橘温室比较知名，它形成了展示温室的雏形。此类温室的主要特点是：简单保存植物，具有简单观赏性，外形和结构简单，室内设施缺乏，空间容量较小，保温性能差，勉强满足植物越冬要求。随着玻璃制造技术的改进，降低了温室建造成本，进一步促进了温室技术的发展。19世纪中叶以后，欧洲的温室与今日的温室已基本相同。

20世纪60年代，世界各国现代温室迅速发展，其中荷兰、以色列、日本等国家的温室较为典型。荷兰种植的花卉大部分销往世界各地，是世界第一大花卉出口国，已成为世界花卉贸易中心。但荷兰却是一个相当缺乏土地资源的国家，仅0.12hm^2的人均耕地面积，可是却拥有超过1.7万hm^2的现代玻璃温室，占世界玻璃温室的1/4，并且大多实现了高度自动化。

以色列依靠2.36万hm^2（2015年）现代温室，在土壤贫瘠、严重缺水的半干旱地区生产了大量花卉和高档蔬菜销往西欧，其花卉和蔬菜出口额均居世界前列。在政府和企业的推动下，日本的温室农业也早已进入世界先进行列。截至2017年，日本的现代温室已经有5.38万hm^2，其温室工艺和自动化管理技术领先世界水平，对中国和韩国等邻国温室的发展起着重要示范作用。

目前荷兰、以色列、日本等国的温室产业已实现现代化、产业化、智能化，许多新建造的温室不仅具有传统农业的生产功能，而且具有农业科技展示、示范教育、城市居民休闲观光等功能，并且为其国民经济带来了巨大效益。各时期设施温室的发展和不断升级，都是为了满足一定的社会需求。温室发展的功能和建设形式可分为不同的发展阶段。

一、第一阶段：满足王室贵族群体游赏体验

17世纪，法国、英国、日本和德国等相继出现简易的园艺设施。第二次世界大战后，世界各地的园艺设施迅速发展，面积不断扩大，栽培水平进入高投入、高产出和高技术阶段。20世纪70年代后，大型钢架温室出现，室内加温、灌溉、换气等附加设备广泛运用，温室面积迅速增加。世界农业展示温室发展早期阶段概况如表1-1所示。

表1-1　　　世界农业展示温室发展早期阶段概况（公元前30年—20世纪初）

	公元前30年	16世纪	19世纪上半叶	19世纪中叶	19世纪末	20世纪初
发展背景	罗马皇帝Tiberius喜欢吃黄瓜	—	铸造技术改进，平板玻璃制造工艺有了新的突破	—	玻璃发展完善并撤销高关税，富人竞争建造最精美温室	玻璃技术革新与发展
温室功能	用于宫廷果蔬生产与四季供应	种植热带药材，用于加工具有治疗功能的饮料	种植药用植物；种植热带水果，供王室贵族观赏，是地位的象征	—	用于种植柑橘和花卉，很少考虑进行食品生产	用于种植柑橘、菠萝等植物
结构形式	推车	简易温室	玻璃温室	玻璃温室	玻璃温室	玻璃温室
典型区域	罗马	荷兰	欧洲	英国、德国、美国	比利时	英国、美国、法国
设计者	园艺家	植物学家	植物学家	—	—	—
经典案例	用油布或云母板搭建成黄瓜室	荷兰第一套温室	凡尔赛宫温室柑橘园	英国维多利亚皇家植物园邱园（Kew Gardens）温室；慕尼黑玻璃宫温室	布鲁塞尔皇家温室每年开放2周，吸引市民前来参观	法国温室柑橘园、菠萝园

二、第二阶段：向规模化、产业化快速发展

20世纪初至20世纪末，为了提高农业生产率，世界较发达国家的农业温室逐渐形成产业，并快速向规模化、产业化方向发展，并各具特色。

（一）荷兰

荷兰位于东经3°21′~7°13′、北纬50°45′~53°52′，国土面积41864km^2。温带

海洋性气候，年温差小，全年有雨，冬雨较多，光照不足，5月份日照时数最高，约为220h，12月份最低，约为39h。虽然荷兰人均可耕地非常少，但依靠现代化的农业技术，已成为仅次于美国、法国的世界第三大农业出口国。

荷兰是世界设施园艺强国，园艺产值占全国农业产值的39%。荷兰的玻璃温室是世界设施农业技术体系最重要的分支之一。2014年，荷兰玻璃温室总面积为9488hm^2，约占世界玻璃温室总面积的20%，其中43.6%用于种植花卉，50.9%种植蔬菜，苗圃和盆栽占4.95%；温室每平方米产出高达66.3欧元。荷兰人充分发挥当地气候温和的优势，克服光照资源的不足，将温室园艺产业做到了世界领先。荷兰100年来的温室发展史大致分为3个主要阶段（表1-2），即初级阶段、快速发展阶段和稳定成熟阶段。其温室结构较单一，90%以上的温室为文络型（Venlo）温室，主要特点为钢材用量极少，透光率高，抗风能力强，光照均匀。荷兰坚持以种植为核心，从温室设计（如结构参数、结构承载力确定）、环境（如温度、湿度、光照、CO_2浓度）调控设备配套以及生产过程的管理等入手，强调为种植服务，因此生产效率极高。

表1-2 荷兰农业展示温室发展历程

发展阶段	发展特点	温室主要类型	温室特点
第一阶段：初级阶段（1900—1945年）	设施结构简单，室内基本没有环控措施	双坡面玻璃温室	以一面坡玻璃温室为基础，具有尖顶对称屋面和斜侧立面，简单木架支撑
第二阶段：快速发展（1946—1990年）	温室配套环空设备开始普及，温室作物产量大幅度提升	文络型温室	立柱支撑跨间桁架，桁架上支撑天沟，镶嵌屋面玻璃的铝合金支撑框直接安装在天沟上，温室屋面不用任何钢结构材料
第三阶段：稳定成熟（1991年至今）	温室面积不再大规模扩大，温室技术的研发趋于成熟	以文络型温室为主，兼有光伏温室、塑料薄膜温室、中空聚碳酸酯（PC）板温室、外遮阳温室等	技术发展集中在提高覆盖材料的透光率、增加太阳能的入射量；热能的多用途利用和余热回收；营养液消毒和闭路循环系统的技术配套；温室节能技术的应用等

（二）日本

日本在小型温室机械、植物工厂精密控制等方面的技术居于世界领先地位。日本发展设施农业主要是为了缓解农业劳动人口数量减少及人口日趋老龄化的冲击，与此同时开发出与大都市空间相适应的新鲜农产品供应体系。因此日本设施农业总体量不大但特色鲜明：一是更注重开发节省人力的小型温室机械，发展立体化种植等技术；二是更重视运用高附加值、紧凑型、全程精细控制的植物工厂技术。1960年之前，日本主要应用简易拱棚做育苗育种。1960—1980年，设施农业迅速发展，温室大棚面积从1707hm²增加到3.17万hm²；玻璃温室从296hm²增加到1501hm²；塑料大棚从1411hm²增加到3.02万hm²。1980年以后，大型温室、连栋大棚、植物工厂等新一代设施农业技术在日本得到更多重视和推广。据日本农林水产省统计，截至2009年，日本玻璃温室面积为2039hm²，占设施总面积的4.2%；塑料温室和塑料大棚面积为47010hm²，占设施总面积的95.8%。2013年年初的数据显示，日本共有211家植物工厂。日本现有玻璃温室主要为双面坡温室和文络型连栋温室；塑料温室有钢结构塑料温室和低成本全天候塑料温室；塑料大棚有埋地式管架大棚和钢结构增强管架大棚（图1-1）。

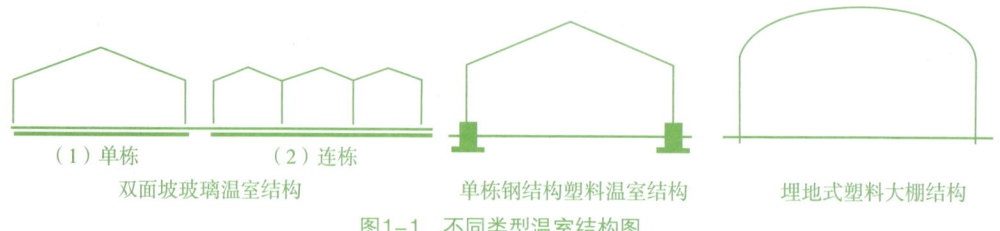

（1）单栋　　　（2）连栋
双面坡玻璃温室结构　　单栋钢结构塑料温室结构　　埋地式塑料大棚结构

图1-1　不同类型温室结构图

（三）美国

美国的温室演变与工业材料的发展密切相关。大体上可以分为三个阶段：第一阶段（1950—1969年），温室以木结构为主，覆盖材料几乎都是玻璃，室内以土壤栽培为主，自动化设备极少；第二阶段（1970—1989年），金属骨架温室逐步增加，出现了玻璃钢和双层充气薄膜等覆盖材料，滴灌及无土栽培等技术普遍应用；第三阶段（1990年到现在），PC板投入使用，屋顶可以全部启闭的现代温室成为主流。

（四）加拿大

2008年加拿大的温室总数为3295个，总面积2075.2hm²，总产值20.9亿加元。在所有温室中，种植蔬菜的温室面积1034.1hm²该国温室蔬菜生产主要集中在安大略省、不列颠哥伦比亚省、魁北克省和艾伯塔省。其中安大略省和不列颠哥伦比亚省的温室蔬菜产量占加拿大蔬菜总产量的90%。

不列颠哥伦比亚省的温室主要用于种植蔬菜，每栋温室面积在0.2~1.8hm²，而且逐年扩大。温室蔬菜以番茄（牛排型和串结型）、甜椒（红色、黄色和橘黄色）、英式长条形黄瓜及生菜为主。它们的单位面积产量很高，番茄为73kg/m²，黄瓜为160kg/m²，甜椒为27kg/m²，奶油莴苣为200kg/m²，在全球很有竞争力。

2003年，不列颠哥伦比亚省玻璃温室需要直接投资250万美元/hm²（不含土地投资，土地价格为4万~12.5万美元/hm²），包括建筑场地准备、公用设施安装、温室建筑、电脑环境控制系统、加热和灌溉系统等。每公顷温室可创造13个工作岗位，不列颠哥伦比亚省现有生产温室已提供超过3000个工作岗位。由于温室种植是全年运转，工作人员都是全职。运转成本包括劳动力（25%）、热能（28%）和营销（25%）等费用，每年产值超过2.2亿美元。

2001年，不列颠哥伦比亚省温室种植者销售收入为2.04多亿美元，为5年前的2倍多。不列颠哥伦比亚省的玻璃温室只占本省耕地的0.01%，但温室产品的产值却占全省的11%。该省温室蔬菜有健全的营销系统，温室番茄、甜椒、黄瓜以及奶油莴苣生产必须要按《不列颠哥伦比亚省天然产品上市条款》[The Natural Products Marketing（BC）Act]规范生产。根据市场营销机构的调查信息，每年8月对各地温室下达配额。

不列颠哥伦比亚省在低陆平原地区主要使用现代荷兰文络型玻璃温室，它很适用于那里温和的气候和不充分的阳光。在北部、内陆和岛屿则使用屋脊天沟式温室，它的保温性能好，成本低，适合寒冷地区和小农户使用。大型温室都有电脑气候综合监控系统，及时调整温度、光照、湿度、灌溉和营养供给，使作物在最佳条件生长。温室加热最常用的方法是天然气加热锅炉，从锅炉燃烧废气冷凝器收集的液态和气态二氧化碳用于补充植物需要的二氧化碳。为节约时间，提高工作效率，许多温室使用自动化设备，如电脑控制滴灌施肥和精量灌溉设备、鲜花收获机、扎捆机、喷雾机器人等。温室还设有自动门、轨道车或自动运输系统以及温室一体化病虫害管理体系、培育抗病虫害品种系统、病虫害监控系统、温室卫生管理系统、生物技术消灭虫害设施等。

（五）西班牙

西班牙的温室主要集中于享有"欧洲蔬菜之都"的阿尔梅利亚省，其与我国山东寿光处于同一纬度，在北纬37°左右。当地温室面积集中、产量大、辐射面广，每天平均向欧洲国家运送400个冷藏集装箱的新鲜蔬菜，一年四季都不间断。阿尔梅利亚的温室结构类型较单一，主要分为Parral Plano型温室和Rapsa and Amagado型温室。从1963年到2010年，阿尔梅利亚平均每年设施面积增加约600hm^2。目前，该地区温室总规模接近3万hm^2，其中玻璃温室不到100hm^2，主要用于育苗和科技展示，其余均为塑料钢架大棚，集中分布在阿尔梅利亚沿海的西部一带，密度居世界第一。当地政府和技术部门高度重视温室的规模化建设，逐步以大面积的温室代替小型温室，生产用温室的面积从1hm^{2}到20hm^{2}不等，温室分布地带的土地利用率在85%以上。

综上，世界先进国家通过强化政策支持、科技支撑、产业配套、利益连接等举措，加快发展以玻璃温室、植物工厂、微滴灌等设施园艺技术为重点方向的现代设施农业。当前，全球现代温室正在向着"温室建设大型化、室内技术集成化、产品种类多样化、操作流程机械化、生产技术工厂化、覆盖材料多样化、栽培技术无土化、防治技术生物化"的方向不断发展。

三、第三阶段：向载体化、多功能化发展

21世纪以来，随着世界温室发展技术的逐步成熟，温室在产品生产上的功能被发挥到更高水平，设施温室生产成为全球重要农产品周年贸易的重要生产方式和主要贡献者。温室其他功能的开发和创新成为拓展其社会、经济、生态等多重效益的重要途径。

随着经济发展的全球化影响，世界上越来越多的国家重视生态、重视人与自然和谐相处，都市农业、休闲农业、创意农业、生态农业等农业发展形式已然成为世界各国农业发展的重要形式，温室作为重要的生产载体和建筑形式，被不断挖掘成为农业生态、社会功能的重要载体，强调休闲、体验，强调教育和生态功能，强调文化创意与传承。

第三节
中国农业展示温室的发展历程

我国设施园艺发展历史悠久，早在2000年前就有蔬菜、花卉的温室栽培。史书《汉书·沼信臣传》记载"太官园种冬生葱、韭菜茹，覆以屋庑，昼夜燃蕴火，待温气乃生……"说明早在公元前33年中国就已出现类似居室的蔬菜生产场所。唐朝时期（公元775年）人们已经开始利用地热资源来加温生产蔬菜了。元朝时，已经有了阳畦、风障等温室栽培技术。

据资料记载，北京地区的保护地栽培从元代创建大都城开始，北京城内修筑了许多保护地设施，称为"花房"，用来种花和一些高档细菜。元代词人欧阳玄在《渔家傲·十月》有"花户油窗通晓旭"的词句，指的就是保护地设施，其中"花户油窗"指采用白纸等透光性好的材料糊窗户，"通晓旭"指采光的效果良好。在民间，菜农利用"干打垒"的方式建造土墙，在前面再修建半坡式的窗户，糊上白纸透过阳光，这样建成地上或半地下的土温室，如再配上加温设施，可在冬季种出韭菜、瓜类等细菜。元代另一位著名农学家鲁明善在《农桑衣食撮要》一书中"正月种茄、瓠、冬瓜、葫芦、黄瓜、菜瓜"里所说的"用低棚盖之，待长茂，带土移栽"，说明当时瓜类和茄果类蔬菜已经采取先在风障保温和蒲席覆盖的阳畦等保护地设施中育苗，然后再带土坨移栽的种植方式。明代刘崧所写《北京十二咏》中有"都人卖蒜黄，腊月破春光。土室方根暖，冰盘嫩叶香"的诗句，赞叹在北京城冰天雪地的冬季可以买到保护地栽培的鲜嫩的蒜黄。

我国劳动人民在明清时期创造的火暄式温室，已经具有现代温室的概念。明嘉靖年间北京的温室蔬菜栽培已具有相当的技术水平，但由于农民秘而不传，从而限制了温室事业的发展。

20世纪50年代，不少专家对传统的阳畦、增温温室进行了研究改进，这促使阳畦、增温温室技术在我国北方地区迅速推广应用。20世纪50年代末，我国农民开始搭起简易塑料棚和日光温室，随后国内又相继发展了温室加温、无土栽培和光照调节等技术。直到1979年，北京才出现国内第一座连栋现代温室，但技术水平相对落后。

20世纪80年代，我国先后从欧美各国引进先进的现代温室24座，面积共19.2 hm^2。在吸收了国外温室各类先进技术后，我国也开始深入研发本土特色的现代温室。进入20世纪90年代，我国已经拥有数量庞大的温室，而且在建造技术和温室农业技术上都达到了较高水平。进入21世纪，国内的温室已开始从生物、环境、工程三方面进行综合研发，并在自动化管理和智能化环境调控方面取得了优异的成果，极大地提高了温室的建造水平。目前，我国已经拥有现代温室120多万公顷，跃居世界第一。

发展至今，我国温室技术已经比较发达，并且具有鲜明的特色。从早期的传统农业生产温室，到温室科技展厅，再到今天的现代温室，我国的温室不仅具有传统农业的生产功能，而且具有农业科技展示、示范教育、城市居民休闲观光等功能。

我国现代温室的发展经历了由简单到复杂、由低级到高级的阶段，结构类型主要包括简易保护设施（风障畦、阳畦、温床、防雨棚等）、塑料拱棚、日光温室、现代化温室（文洛型温室、里歇尔温室、卷膜式全开放型塑料温室、屋顶全开启型温室），由于各地区生产状况、经济条件和应用目的等差异，至今各阶段不同类型的温室依然并存。

一、少量引进，自主研制阶段

我国现代温室起步较晚，20世纪50年代末，在华北地区曾建造过屋脊式大型玻璃温室，到20世纪60年代初，在东北地区建成1 hm^2的大型玻璃温室，其骨架为钢筋混凝土结构，构件粗大笨重，遮光面大，玻璃镶嵌也不规范，基本没有配套设备，没有形成有效利用。我国第一栋大型连栋温室于1977年在北京市玉渊潭建成，占地1.9 hm^2，由我国自行设计建造。温室骨架为全钢结构，涂防锈漆，镶嵌钢化玻璃，电动开窗，燃油（后改为燃煤）锅炉热水加温，温室内部配有喷灌装置，主要用于栽培黄瓜、番茄等果蔬。由于结构性能差，缺乏有效的通风降温装置，夏季室内温度过高，无法进行生产；又由于密封、保温等性能更不佳，导致冬季能耗较大。此后，在兰州、牡丹江等地也分别建造了占地1 hm^2的大型玻璃温室，但其质量和性能均不及北京市玉渊潭温室。

1979—1987年，我国从保加利亚、荷兰、罗马尼亚、美国、日本、意大利等国引进现代温室24座，分别建造在北京、黑龙江、广东、江苏、上海、新疆等地，其中60%用于蔬菜生产，40%用于花卉生产。引进温室均为大型连栋温室，其结构形式有跨度为3.2m和6.4m的单屋脊双坡屋面型、跨度6.4m的双屋脊双坡屋面型、跨度12.8m单屋脊双坡屋面型、跨度6m的双屋脊双坡屋面型、跨度12.8m的单屋脊双坡屋面型、跨度6m的锯齿形单坡屋面型和跨度8~12m的拱顶型。骨架构件为热镀锌型钢，铝合金门窗框架，覆盖材料有玻璃、玻璃钢、聚丙烯树脂纤维波纹板，用橡胶条密封，内部配套设备较齐全。这次较大规模地引进温室，各地都重视温室本身，却忽视了温室对我国气候的适应性和配套的栽培技术，在运行中存在着冬季能耗高、夏季降温困难等问题，经济效益普遍不佳。但引进的温室基本代表了现代温室的类型和先进水平，对我国现代温室的兴起和现代温室业的发展，都起到了积极的促进作用。

1982年，上海市农业局组织在嘉定县长征大队等处建成我国第一批装配式现代温室，4座温室总面积为4644m^2，骨架采用门式钢架结构，热浸镀锌钢结构件，现场组装，玻璃与玻璃钢覆盖，铝合金门窗框架，橡胶条密封。其中长征大队温室面积为2880m^2，跨度6m，开间3m，10连跨，16开间，全长60m，总宽48m，柱高2.2m，屋脊高3.8m，屋面角26.5°，屋脊窗占屋面面积的30%，侧窗为推拉窗，占侧墙面积的60.6%。内部设施配有自动开窗结构、土壤加温电热线、喷灌装置和电动保温幕系统。该温室于1983年通过上海市技术鉴定，并荣获上海市农业局科技成果二等奖。该温室除内部设施设备还不够完善外，其主体结构、覆盖材料及镶嵌、制作工艺等，都已与国外现代温室基本相同，其加工质量和整体性能都能得到保证，是实际意义上的我国自行设计建造的第一批现代温室。

20世纪80年代，我国开始引进荷兰、美国等国的现代化温室成套设备。在消化国外技术的基础上，我国技术人员对热镀锌钢管装配式塑料大棚、现代温室等进行开发研究。当时新成立的中国农业工程研究设计院设有"农业环境工程研究室"，1995年改为"设施农业研究所"，与相关的农业科研单位和院校一起，组织承担了一系列相关课题，形成了一批相关技术成果。1988年，中国航天建筑设计研究院参考北京琅山苗圃引进的美国温室，试制了一座1200m^2用于林木育苗的拱形温室，包括温室主体结构和加温、降温、自动控制等系统及栽培床，建造在北京琅山苗圃，与引进的美国温室进行对比运转试验，1988年进行了技术鉴定。20世纪80年代中后期，我国扶持了一批专业定点生产厂家，形成系列产品，先后为安徽、湖北等省的农科院、济南市黄台电厂、中央警卫团等设计建造了一批大型连栋玻璃温室，进行蔬菜、花卉栽培的试验研究和生产。到20世纪80年代末，全国自行设计建造的现代温室达到10hm^2以上，加上引进的温室，全国现代温室总量达到30hm^2以上。

二、成套引进，试验示范阶段

20世纪90年代是我国现代温室的快速发展时期。20世纪90年代中期开始，我国现代温室快速发展。1995年，中国政府与以色列政府合作，在北京市通州区永乐店农场建立"中以示范农场"，引进1.2hm^2以色列现代温室成套技术。上海市农业委员会组织从荷兰、以色列等国引进15hm^2现代温室，分别建在孙桥、马桥等地，设立5个试验示范点进行试验示范。由此，我国又一次大规模引进国外大型现代温室，至1998年，共引进温室175.4hm^2。引进的国家有荷兰、法国、以色列、西班牙、美国、日本和韩国，基本涵盖了现代温室发达的国家。引进和建设的地点北起黑龙江，南至海南岛，东起上海，西到新疆，包括了全国所有的省、市、自治区。引进温室的主要类型包括单屋脊和双屋脊的大型连栋玻璃温室，拱圆形、锯齿形、双层重启和双层结构的塑料膜温室，引进国外大型连栋温室及配套栽培技术，逐步向规模化、集约化和科学化方向发展。截至2016年，主要温室设施面积已突破210万hm^2，连栋温室面积达到5.18万hm^2；2017年8月，我国设施园艺总面积已经突破370万hm^2，居世界首位，但其中可进行环境调控的现代温室面积却不到1万hm^2。

三、政策指引，功能拓展阶段

中国现代温室的发展与我国土地利用政策的演变密切相关（表1-3），尤其对当前和未来现代农业展示温室的用地选择、建设内容、功能设定形成决定性的影响。严格保障永久性基本农田，不改变土地使用性质是基本前提。

表1-3　　　我国设施农业发展与现代农业展示温室建设相关用地政策

出台时间	政策文件	用地要求
2010年	国土资源部、农业部下发《关于完善设施农用地管理有关问题的通知》（国土资发〔2010〕155号）	设施农业用地具体分为生产设施用地和附属设施用地。（一）生产设施用地是指在农业项目区域内，直接用于农产品生产的设施用地。包括：1. 工厂化作物栽培中有钢架结构的玻璃或PC板连栋温室用地等；2. 规模化养殖中畜禽舍（含场区内通道）、畜禽有机物处置等生产设施及绿化隔离带用地；3. 水产养殖池塘、工厂化养殖、进排水渠道等水产养殖的生产设施用地；4. 育种育苗场所、简易的生产看护房用地等。（二）附属设施用地是指农业项目区域内，直接辅助农产品生产的设施用地。包括：1. 管理和生活用房用地：指设施农业生产中必须配套的检验检疫监测、动植物疫病虫害防控、办公生活等设施用地；2. 仓库用地：指存放农产品、农资、饲料、农机农具和农产品分拣包装等必要的场所用地；3. 硬化晾晒场、生物质肥料生产场地、符合"农村道路"规定的道路等用地
2014年9月	国土资源部、农业部《关于进一步支持设施农业健康发展的通知》（国土资发〔2014〕127号）	在设施农业项目区域内，直接用于农产品生产的设施用地。工厂化作物栽培中有钢架结构的玻璃或PC板连栋温室用地等，工厂化水产养殖用地；以及育种育苗场所、简易的生产看护房（单层，小于$15m^2$）用地等
2016年10月	国土资源部、农业部《关于全面划定永久基本农田实行特殊保护的通知》（国土资规〔2016〕10号）	永久基本农田一经划定，任何单位和个人不得擅自占用，或者擅自改变用途

续表

出台时间	政策文件	用地要求
2017年	国土资源部《关于支持深度贫困地区脱贫攻坚的意见》（国土资规〔2017〕10号）	光伏方阵使用未利用地或在不破坏农业生产条件前提下使用永久基本农田以外的农用地，可不改变原用地性质
2017年12月	国土资源部、国家发展改革委《关于深入推进农业供给侧结构性改革做好农村产业融合发展用地保障的通知》（国土资未见〔2017〕12号）	由于农业规模经营必须兴建的配套设施，包括蔬菜种植、烟草种植和茶园、橡胶园等农作物种植园的看护类管理房用地（单层、占地小于15m^2）
2018年9月	农业农村部、自然资源部《关于开展"大棚房"问题专项清理整治行动坚决遏制农地非农化的方案》的通知	（一）在各类农业园区内占用耕地或直接在耕地上违法违规建设非农设施，特别是别墅、休闲度假设施等。（二）在农业大棚内违法违规占用耕地建设商品住宅。（三）建设农业大棚看护房严重超标准，甚至违法违规改变性质用途，进行住宅类经营性开发
2018年12月	《中华人民共和国农村土地承包法》	未经批准不得将承包地用于非农建设；承包方违法将承包地用于非农建设的，由县级以上地方人民政府有关行政主管部门依法予以处罚。承包方给承包地造成永久性损害的，发包方有权制止，并有权要求承包方赔偿由此造成的损失
2019年1月	《中华人民共和国土地管理法》	严格限制农用地转为建设用地，控制建设用地总量，对耕地实行特殊保护；国家保护耕地，严格控制耕地转为非耕地；非农业建设必须节约使用土地，可以利用荒地的，不得占用耕地
2019年12月	自然资源部、农业农村部《关于设施农业用地管理有关问题的通知》	设施农业属于农业内部结构调整，可以使用一般耕地，不需落实占补平衡。种植设施不破坏耕地耕作层的，可以使用永久基本农田，不需补划；破坏耕地耕作层，但由于位置关系难以避让永久基本农田的，允许使用永久基本农田，但必须补划。养殖设施原则上不得使用永久基本农田，涉及少量永久基本农田确实难以避让的，允许使用但必须补划 设施农业用地不再使用的，必须恢复原用途。设施农业用地被非农建设占用的，应依法办理建设用地审批手续，原地类为耕地的，应落实占补平衡

2015年以来，我国围绕农村一二三产融合、休闲农业与乡村旅游、农业新载体及新业态的创新发展，连续出台了系列支持政策，为现代农业新载体的创新和实践开辟了新的方向。科技农业、休闲旅游、文化创意、生态保护等主题成为创新的重要出发点。

（1）《国务院关于推进文化创意和设计服务与相关产业融合发展的若干意见》中指

出,要提高农业领域的创意与设计水平,推进农业与文化、科技、生态、旅游的融合。

(2)《中华人民共和国经济和社会发展第十三个五年(2016—2020年)规划纲要》《习近平在中国共产党第十九次全国代表大会上的报告》(2017年)、《中共中央国务院关于坚持农业农村优先发展做好"三农"工作的若干意见》(2019年)、《国务院关于促进乡村产业振兴的指导意见》(2019年)等文件指出,要以农村一二三产业融合发展为路径,支持建立健全城乡融合发展体制机制和政策体系,促进农村一二三产业融合发展。

(3)《全国农业可持续发展规划(2015—2030年)》《北京城市总体规划(2016年—2035年)》《关于大力发展休闲农业的指导意见》(2018年)、《中共中央国务院关于实施乡村振兴战略的意见》(2018年)、《农业农村部关于开展休闲农业和乡村旅游升级行动的通知》(2018年)、《国务院关于促进乡村产业振兴的指导意见》(2019年)等多个文件提出,鼓励实施休闲农业和乡村旅游精品工程,推进休闲农业持续健康发展。

(4)《国务院办公厅关于加快推进农业供给侧结构性改革大力发展粮食产业经济的意见》(2017年)、《国家农业科技园区发展规划(2018—2025年)》(2018年)、《国务院关于促进乡村产业振兴的指导意见》(2019年)、《农业农村部办公厅关于加强农业科技工作助力产业扶贫工作的指导意见》(2019年)等多个文件提出,要以科学技术为基础,实施创新驱动发展战略和乡村振兴战略,推动农业农村发展进入"方式转变、结构优化、动力转换",推动科技、业态和模式创新,提高乡村产业质量效益。

2017年以来,国家出台关于鼓励和促进农业嘉年华发展的相关政策,指导各地积极探索农业嘉年华等地方品牌创建,为现代温室功能创新与实践提供了直接支持。全国各地农业嘉年华项目的成功运营也成为中国现代农业展示温室发展的重要里程碑。

第二章

现代农业展示温室的功能与分类

第一节
现代农业展示温室的功能与用地性质

一、现代农业展示温室的功能

随着现代农业及设施园艺的不断发展,现代农业展示温室已经不局限于农业生产,成为一个与产业、社会、人的需求密切关联的空间载体,进入到一个新的发展阶段。随着社会经济的不断发展,时代的不断进步,人们的需求不断升级,温室的功能和建设形式也随之升级,成为助力人们对美好生活向往的重要载体。简单总结现代农业展示温室的功能主要有以下几个方面。

(一)奇特景观的营造与展示

奇特植物栽培与景观营造是现代农业展示温室一项最具特色的功能,通过种植奇特蔬果、花木,如形态各异的观赏南瓜、名花蝴蝶兰、沙漠植物光棍树、改变味觉的神秘果等,再利用各类设施艺术化、科学化布置形成新奇景观,如蔬菜树、廊架等,让这些品种展示出五彩缤纷、绚丽夺目的姿态,从而吸引游客流连忘返,并且突出了温室景观与一般园林景观的差异性和新奇性。

(二)科技集成与科普教育

现代农业展示温室以农林科学技术为支撑,农林科技的集成与展示是其重要功能。利用文字说明、图片展示、影像播放、模型展示等方式让公众了解和认识与人们生活相关的专业知识与农林科技,是其教育示范功能的具体体现。例如,各种园艺作物无土栽培模式和形式的展示,包括基质栽培和"水培"、茄果共生、番茄树等形式;各种先进园艺育苗技术的展示,如组培、扦插、工厂化育苗等;节水灌溉设施和技术的展示,如滴灌和喷灌技术等;温室体量、形态、材料的展示;温室智能化环境控制设施和技术;新、优作物品种的种植展示等。

(三)休闲观光与娱乐

观光休闲娱乐功能是现代农业展示温室近年来兴起的一项重要功能。现代农业展示温室为游客提供了一个新型的游憩空间和休闲场所,在优美的自然景观、浓郁的田园风光背景下,利用现代生产设施、奇特农产品、游乐设施等景观元素,进行精品化的整体设计,吸引公众观光旅游,为城市居民提供一个远离喧嚣、缓解工作和生活压力、舒畅身心、增长见闻的假期观光休闲娱乐场所,提高生活质量。

（四）产品生产与销售

产品生产与销售是现代农业展示温室的重要功能。为了提高农产品档次，现代温室内的生产按无公害、绿色有机标准进行，能一年四季为人们提供优质农产品，满足不同的消费需求，并且通过特色卖场的建设，以观光带动产品销售的同时又保证了生产者和经营者有较好的经济效益，能够显著提升区域产品市场竞争力。

（五）文化传承与延续

现代农业展示温室内通过展示传统耕种、农耕技艺、农业工具等农耕文化内容，开展农业文化旅游，使游客了解农业发展历史，学习农耕文化，感受农业氛围。在各类文化争相绽放的今天，农耕文化的传承对于弘扬传统民族精神和丰富人民群众的文化生活具有重要意义。

二、关于用地性质的讨论

由于当前温室的功能已不局限于单纯的生产功能，部分地区部分项目建设存在打着设施农业的旗号违法违规占用耕地进行非农业建设的"大棚房"问题。2018年8月以来，针对"大棚房"整治问题，一场力度空前的专项清理整治行动在全国范围内展开。清理整治"大棚房"相关问题，关系到保护耕地、保障国家粮食安全、保护农民利益和发展机会，应坚决遏制农地非农化。部分现代农业展示温室项目属于设施农业项目，因此必须办理设施农业用地使用备案手续。农业项目建设中涉及的经营性粮食存储、加工和农机农资存放、维修场所，以农业为依托的休闲观光度假场所和各类庄园、酒庄、农家乐，以及各类农业园区中涉及建设永久性餐饮、住宿、会议、大型停车场、工厂化农产品加工、展销等非农业建设用地，未依法办理建设用地审批手续的，属于违法建设用地。

2019年12月19日，自然资源部耕地保护监督司、农业农村部种植业管理司联合印发《关于设施农业用地管理有关问题的通知》（自然资规〔2019〕4号）。新的政策主要有以下改进：

1. **设施农业用地纳入农业内部结构调整范围**

考虑到设施农业是从事农产品生产的特点，有别于公路、铁路等基础设施用地，因此明确，设施农业包括作物种植设施（含规模化大田种植配建的设施）和畜禽水产养殖设施，可以使用一般耕地，不需办理建设用地审批手续，不需落实耕地占补平衡。

2. **对一些设施使用永久基本农田作出规定**

考虑到兴建设施有利于提高农业生产力，因此，对于作物种植中一些设施建设破坏耕地耕作层、又难以避让永久基本农田的，养殖设施中涉及少量永久基本农田确实难以避让的，在补划同等数量、同等质量的永久基本农田的前提下，允许使用永久基本农田，同时也确保永久基本农田不减少。

3. 用地规模实行差别化政策

全国各地各类设施农业用地差异较大，国家层面不再对各类设施农业用地规模做出统一规定，由各省（区、市）自然资源主管部门会同农业农村主管部门根据生产规模和建设标准，合理确定设施用地规模，体现各地差别化政策。需要强调的事，为了巩固2019年刚刚开展的"大棚房"问题专项清理整治成果，保持政策衔接，新政策明确了"看护房"继续执行"大棚房"整治整改标准，即南方地区控制在"单层、15m^{2}以内"，北方地区控制在"单层、22.5m^{2}以内"，其中严寒地区控制在"单层、30m^{2}以内"（占地面积超过2亩[①]的农业大棚，其看护房控制在"单层、40m^{2}以内"）。

4. 允许养殖设施建设多层建筑

随着技术的进步与规模化经营，近年来一些地方出现建设多层建筑从事养殖生产的情况，从节约资源、集约经营出发，新政策明确了养殖设施允许建设多层建筑。但各地在实施中，建多层养殖设施一定要注意符合相关规划、建设安全和生物防疫等方面要求。

5. 简化用地取得方式

设施农业用地不需要审批，设施农业经营者与农村集体经济组织就用地事宜协商一致后即可动工建设，由农村集体经济组织或经营者向乡镇政府备案，乡镇政府定期汇总情况后交至县级自然资源主管部门。当然，涉及使用并补划永久基本农田的，须事先经县级自然资源主管部门同意后方可动工建设，始终坚持严格的永久基本农田保护制度。

近年来政府高度重视农地非农化问题，以农业观光功能为主的现代农业展示温室用地性质已经由农业用地变为建设用地，由于部分温室具备商业功能，其农业建筑性质也受到质疑。发展休闲农业和乡村旅游是实施乡村振兴战略的重要举措，对于深入推动我国乡村转型发展、促进城乡融合发展、一二三产业融合发展具有重要意义。但是，休闲农业、乡村旅游主要是依托设施农业政策逐步发展起来的，受到"农用地农业使用"基本原则的制约，因用地政策而遇到诸多发展瓶颈。这不仅要求投资方、建设方明确建设地的用地性质，同时也要求现代农业展示温室的建设内容符合用地政策。

第二节
现代农业展示温室的分类

随着温室结构的不断完善和温室面积的不断扩大，大量的植物开始进入温室培植，植物进入温室内空间栽培的方式及品种已发展到由专门的从业人员进行规划设计。根据

[①] 1 亩 = 666.7m^2。

温室和植物的特性，规划设计人员在有限的温室空间内创造出无限的意境。因此，随着设计理念和温室功能的变化，出现了各种不同形式不同功能不同主题的展示温室。发展现代农业展示温室，明确功能定位对于合理确定投资取向和建设规模、运营机制、管理体制以及景观营造至关重要。通过研究，我们认为现代农业展示温室的分类有以下两种方式。

一、按主导功能分类

（一）大型展览温室

国内外大型展览温室一般建造在植物园中，世园会、花博会建造的植物馆一般也属于这类。这类温室的建立一方面是出于植物引种驯化及生物多样性保护的目的，早期大多建在植物园，另一方面作为植物种质资源搜集圃进行经营管理。

随着经济发展和文化科普等需要，人们普遍开始重视人与自然环境的和谐相处及生活质量的改善与提高，都市农业也发展为以生态、社会功能为主的模式，强调体验、休闲农业，强调教育和生态功能，植物展示主题科普休闲温室正是具备这些功能的综合体，并且不受外界环境因素干扰，具有较高的复游率。温室内展示以各种科学化、艺术化手段布置的珍奇植物及其在不同地域和气候下的生存环境，精心设计各类旅游景点和设施，可供公众全年观光休闲。温室通过模拟植物的原生态环境，真实地诠释了人与自然的和谐关系，生动地展现了园林艺术的自然之美。

在国外，这类温室主要分布在都市中，作为都市农业公园，经过规划设计与建设，融入城市居民的生活，为居民提供生态休闲和科普教育的活动空间，有的甚至成为当地的地标性建设项目。例如英国邱园、棕榈园温室、伊甸园温室群，新加坡滨海湾花园的"花之穹顶"与"云之森林"温室。而国内比较经典的大型展览温室有北京植物园万生苑温室、昆明植物园扶荔宫温室、华南植物园珍奇植物馆、上海辰山植物园热带雨林馆、北京花卉大观园沙漠风情馆、2014年青岛世园会植物馆、2019年北京延庆世园会植物馆等。

（二）高科技农业温室

高科技农业温室也称科技观光型温室，该类型主要是农业科技园、植物新品种栽培试验等研究机构用于新技术新成果展示并供游人参观的展示温室。高科技农业展示型温室依靠试验基地中的前沿现代农业科技为吸引物，配置相关旅游设施和活动项目，融合了高科技农业观光、科普示范、现代温室技术研究和专利转化试验功能，是现代温室产业成果研发、展示、推广的产学研综合平台。观光休闲旅游是高科技农业展示温室的补充和扩展。

此类型温室一般具备以下几个特点：①一般依托农业科研院校成立，有进行农业基础研发或应用研发的技术团队做支撑，人力资本投入较高；②有诸多社会化的园艺高科技企业在科技研发、展示和推广方面给予合作；③具有一定的示范性和前沿性，技术手段和理念具有创新性和引领性，因此需要投入较多的物力。国内各大城市的农业研究所基本上都建设有这一类温室，如位于北京的中国农科院国家农业科技展示园温室、广东珠海的"农科奇观"；也有农业高新技术企业参与建设的高科技农业展示温室，如北京中农富通园艺有限公司（以下简称中农富通）在山西大同、江苏金湖和洋河、广西玉林、山东莘县、辽宁辽阳等地建设的农业嘉年华展示温室，中粮集团建设的智慧农场展示温室等。

特别值得一提的是近几年热度持续攀升的农业嘉年华，已成为现代都市休闲农业发展的新探索、新模式。以当地农业主导产业为基础，从蔬菜、农耕、花卉、中草药、水等农业相关产业背景出发，农业嘉年华以展示温室的形式，通过服务于都市农业和城乡统筹，以吃喝玩乐游购娱等内容为要素，以农业生产活动为主题，以科技为支撑、以文化为纽带、以旅游为特色、以乐活为目标，以创意的手段为包装，通过多年的探索与实践，与特色小镇、农民丰收节等共同成为我国农业产业具有代表性的组织模式。目前分布在全国的各个农业嘉年华项目的策划大多根据当地经济、人文、地理特性的不同而综合考量，每个项目各有侧重，在表达农业多样性、多功能上有着统一的思路。农业嘉年华项目甚至成为区域发展的核心引爆点，在促进当地农业农村一二三产融合，带动创意休闲农业发展、搭建区域现代农业展示平台等方面做出了突出贡献，已成为带动产业兴旺、实现乡村振兴的重要抓手。

高科技农业展示温室内展示的技术通常包含（但不限于）以下几个类别。

1. 种植技术

（1）旱作农业技术　指无灌溉条件的半干旱和半湿润偏旱地区，主要依靠天然降水从事农业生产的一种雨养农业。在相当长一段时期内，我国农业的研究重点在水浇地，而相对忽视对旱地农业增产技术的改进。这是因为灌溉的增产效果比较明显。但是，随着水资源的开发利用，灌溉面积的继续扩大已经接近极限，必须十分重视旱地增产技术的改进。各地的生产实践表明，我国北方旱作农业有巨大增产潜力，其改进技术措施主要有以下九种：土地规划、径流农业、选择布局、水土保持、间混套种、调节播期、覆盖农作、旱地施肥、抗旱保墒。

（2）仿生栽培技术　指模仿生物自然规律栽培植物的方法。现代农业在模仿工业的基础上，发展到模仿生物的自然规律。如根据果树发育阶段多、周期长、对生态要求高等特点进行集约栽培；模拟野生果林的结构和组成，进行密植、综合经营、加厚耕作层、覆盖免耕、综合防治病虫害；模拟生态系统物质循环，合理增施化肥、有机肥和生理活性物质及二氧化碳肥；根据植物异株克生的特点进行合理间作、轮作、套作；根据实生复壮规律进行柑橘品种实生复壮等。以此克服短期行为造成的灾难，改善生态和生理状况，进一步提高栽培效益。

（3）无土栽培技术　指以水、草炭或森林腐叶土、蛭石等介质作为植株根系的基质固定植株，植物根系能直接接触营养液的栽培方法。无土栽培中营养液成分易控制，且可随时调节。在光照、温度适宜而没有土壤的地方，如沙漠、海滩、荒岛，只要有一定量的淡水供应，便可进行。无土栽培根据栽培介质的不同分为水培、雾（气）培和基质栽培。

2. 养殖技术

养殖包括培育和繁殖（水产动植物）。养殖技术包括生猪养殖技术、家畜养殖技术、水产动植物养殖技术、特种养殖技术几大类。

3. 农产品加工技术

农产品加工是农产品由生产领域进入消费领域的一个重要环节，主要包括粮食加工、饲料加工、榨油、酿造、制糖、制茶、烤烟、纤维加工以及果品、蔬菜、畜产品、水产品等的加工。随着农产品直接消费需求的下降，加工制品的比重上升，农产品加工业的产品结构开始向多样化的方向发展，产品附加值不断提高，主要农产品深加工或二次以上加工的比例达到30%以上。新技术在农产品加工业中逐步应用，如微波技术、速冻技术、真空压力技术、膜分离技术、挤压膨化技术、超微粉碎技术、微胶囊技术等。

4. 生态农业技术

生态农业技术是在传统农业及常规农业基础上发展起来的，是根据生态学、生物学和农学等科学的基本原理和由生产实践经验发展的有关生态农业的各种方法与技能。生态农业技术大致归为以下几种类型：良性循环多级利用技术，立体开发多层利用技术，时空掩体合理配置技术，系统调节控制技术。目前生态农业技术研究的重点是发展农业资源的综合循环利用技术，如农作物秸秆资源化利用技术、沼气综合利用技术等。

5. 高科技产品

（1）饲料及饲料添加剂　饲料是所有人饲养的动物的食物的总称，比较狭义的饲料主要指的是农业或牧业饲养的动物的食物。饲料主要分为粗饲料、青绿饲料、青贮饲料、能量饲料、蛋白质补充料、矿物质饲料、维生素饲料及添加剂，原料包括大豆、豆粕、玉米、鱼粉、氨基酸、杂粕、乳清粉、油脂、肉骨粉、谷物、饲料添加剂等十余个品种。

（2）兽药疫苗　兽药成分的组成来自植物的药物很多，它占药物的大部分，并且治病的历史很久。一些动物也可以入药，有防治疾病效用。还有一部分药物是来自矿物。随着科学技术的发展，采用人工化学合成的药物越来越多。

（3）肥料　是指提供一种或一种以上植物必需的营养元素，改善土壤性质、提高土壤肥力水平的一类物质，是农业生产的物质基础之一。主要包括磷酸铵类肥料、大量元素水溶性肥料、中量元素肥料、生物肥料、有机肥料、多维场能浓缩有机肥等。

（4）农药　是指农业上用于防治病虫害及调节植物生长的化学药剂。广泛用于农林牧业生产、环境和家庭卫生除害防疫、工业品防霉与防蛀等。农药品种很多，按用途主要可分为杀虫剂、杀螨剂、杀鼠剂、杀线虫剂、杀软体动物剂、杀菌剂、除草剂、植物生长调节剂等；按原料来源可分为矿物源农药（无机农药）、生物源农药（天然有机物、微生物、抗生素等）及化学合成农药等。

（5）**农业信息类技术** 主要有天空地一体化农情大数据集成应用技术、星陆双基遥感农田信息协同反演技术、农田旱涝灾害遥感监测技术、基于网络运行的墒情预测与灌溉预报技术、智能园区云智能控制平台、作物生长环境远程监控与诊断关键技术、粮食与食物安全早期预警系统等。

（6）**农业机械** 是指在作物种植业和畜牧业生产过程中，以及农、畜产品初加工和处理过程中所使用的各种机械。农业机械包括农用动力机械、农田建设机械、土壤耕作机械、种植和施肥机械、植物保护机械、农田排灌机械、作物收获机械、农产品加工机械、畜牧业机械和农业运输机械等。

（7）**水处理相关技术** 如灌溉技术、污水处理技术、海绵城市技术等。

（三）综合服务型温室

综合服务型温室在功能上分担主体项目的服务功能，与主体项目形成功能互补，主要功能包括餐饮、展销、互动娱乐等。该类展示温室在温室运用上以玻璃温室为佳，场地空间设计上要满足服务活动需求，环境园林化、景观化，对温度调控要求较高。综合服务型温室又有如下细分类别。

1. 园艺中心

展示交易型温室以园艺产品展示展览、销售等功能为主，为场店结合的模式，如英国Baytree园艺中心（园艺超市）。在很多英国小镇，园艺中心成为流行的"标配"，他们如同超市一般重要，为英国的爱花人士提供了便利。温室的使用为一年四季培育鲜花提供了可能，以温室为载体打造的园艺超市也成为满足英国人购买园艺产品的必去之地。园艺超市以售卖功能为主，出售几乎所有和园艺有关的产品：种子种苗、鲜切花、盆花、观叶植物、绿化苗木、容器、园艺工具、园林机械、书籍、肥料、基质、药物等，甚至是家庭用的小型温室和专门为人们做园艺活所涉及的高筒塑料鞋都能在这里找到。英国也有不少这类园艺超市在园艺产品销售基础上增加了一些与购物相关的休闲娱乐功能。目前我国这类园艺中心还不多见。中农富通在农业嘉年华项目中植入的展销馆一般都具备部分园艺中心的功能，同时满足园区的形象展示、售票、接待等服务功能。

2. 生态餐厅

生态餐厅又称温室餐厅、阳光餐厅、休闲餐厅、天然餐厅等。这些餐厅是由生产温室繁衍而来，有一个共同的特点就是餐厅在较大面积范围内种植或装饰有植物、花草，以及建造各种景观。生态餐厅通过将现代设施农业与绿色餐饮完美结合，以人为本、餐饮为主、景观为辅、功能综合。这种大型温室类建筑将温室轻巧、便捷、明朗的特点与建筑的多功能性融为一体，餐厅将大自然丰富多彩的生态景观"微缩化"和"艺术化"，温室建筑内温度、湿度可调整到就餐者感到舒适的范围，是一种有前途和可持续发展的餐饮模式。我国相关项目有北京朝阳区来广营生态餐厅、北京花卉大观园茶吧等。我国已建或在建的以餐饮经营活动为主的展示温室项目有上百家，中农富通策划建设的农业嘉年华项目一般也都有提供配套餐饮服务的生态餐厅。

3. 其他可拓展形式

以突出传统文化（如农耕文化）、红色文化、电影文化、中医文化、非遗传承、饮食文化、服饰文化、戏剧文化、养生文化、诗词歌赋、历史典故等打造的文化传承与体验型展示温室；通过展示具有示范意义和推广价值的绿色生态建筑、节能环保建筑及其他新能源产品，来体现未来农庄和未来生活的低碳主题展示温室；利用优质的环境建立商务办公、会议等必要设施，围绕商务活动、集会、论坛、企业孵化、行业交流、团体性接待形成配套服务的温室；运动保健、儿童乐园、陶吧、工艺自助吧、玩具吧等娱乐主题温室。

（四）生产依托型温室

生产依托型温室也称生产展示型温室，这类温室以传统的农业生产功能为主，主要是对园艺作物的栽培及生产过程进行展示，如育苗、组培等，是展示温室最原始的发展模式。这种温室主要以高附加值的花卉、种苗、蔬果等农作物经济收益为支柱，也包括现代农业科技、设施栽培技术的成果转化展示和宣传，农业观光旅游收益只是作为补充，并通过观光旅游促进农产品的生产销售。受土地供应规模、市场需求半径等因素影响，生产展示型温室供应一定区域城乡居民的农产品需求以及进行高标准农产品的对外出口。生产展示型温室在发展过程中形成多种类型，具体形式包括但不限于以下两种。

1. 现代设施产业集群

设施产业集群以温室建设规模化、技术体系集成化、产品种类多样化、操作技术机械化、生产技术工厂化、覆盖材料多样化、栽培技术无土化、防治技术生物化为特征，具有生产比较规范、产量稳定、质量保证性强等特点，并在向高层次、高科技和自动化、智能化方向发展，有完整的技术体系。其特点主要表现为：①设施环境调控自动化与设施园艺作业机械化程度不断提高；②温室日趋大型化，环境调控趋于智能化；③设施蔬菜果品单产水平高，产品品质优良、商品率高，经济效益好；④设施作物品种更丰富，市场服务体系更完善；⑤无土栽培成为现代设施园艺的主要栽培形式；⑥设施园艺的生态社会功能更突出。

许多国家在现代农业设施产业集群建设方面卓有成效，例如，西班牙阿尔梅里亚高校栽培温室群和加拿大利明顿（Leamington）温室群以连栋玻璃温室为主，大规模种植蔬果及花卉等园艺产品。我国河北省邢台市南和设施产业集群也在这方面进行了成功尝试，一期项目主要进行黄瓜、茄子、辣椒和西红柿等果菜的生产。

2. 都市垂直农场

垂直农场是一种新型室内种植方式，源自最早由美国哥伦比亚大学教授迪克逊·德斯帕米尔提出的"垂直农业"这一概念。德斯帕米尔希望在由玻璃和钢筋建成的光线充足的建筑物里种植本地食物。他的这一构想是出于解决快速增长的全球人口尤其是新增城市人口可能面临巨大的食物保障危机而提出的。在他看来，到2050年，世界人口的80%（现在约60%）都将居住在城市中，届时全球人口总数可能增至92亿，其中大多数来自发展中国家。根据德斯帕米尔的构想，利用垂直农业技术，城区内一幢30层的摩天大楼能够养活5万纽约曼哈顿区的居民，160幢这种建筑，就能为纽约所有人提供全年的粮食。

垂直农场的出现在于解决资源与空间的充分利用。大部分垂直农场采用无土营养液栽培方式，有的将污水转化成电力，大大降低建筑能源成本，同时能够提供更多的食物。新加坡等严重依赖进口食品的国家早已开始了大规模的实践。新加坡全国可耕地面积仅5900hm^2，占国土面积的9.5%，科技农业成为新加坡农业发展的最重要途径。新加坡不遗余力地建设自己的"空中农场"，利用有限的城市空间，致力于以高科技和高产值为目标，将建筑与农业科学结合在一起，打造生态农业和经济功能相结合的形式，其著名的"天鲜农场"就是都市农业高科技的典范。

3. 科研示范温室

世界上现代农业较发达的国家均有令人瞩目的科研示范温室，如荷兰瓦赫宁根大学的试验基地和日本千叶大学的植物工厂。两个国家取得的农业成就与他们在农业科技创新和研发上不断投入人力、物力分不开。现代农业领域竞争力的核心是各个农业相关组织的自主创新能力，科学技术的发展使产品的更新周期越来越短，要拥有持续发展的动力，就必须不断进行新产品、新技术、新设备等研发和管理的创新活动，因此科研示范温室在助力现代农业发展的进程中更显出其独特的价值和意义。

二、按展示品种分类

（一）果树展示温室

果树展示温室是指以一种或多种特色水果的生产、观光、采摘为经营主题的温室。此类展示温室主要以适合温室生长的果树进行艺术化布置设计，并且以少许观赏植物进行配置营造温室景观。如在温带地区的温室栽培热带、亚热带果树，可营造温室里四季鲜花盛开、瓜果累累、绿叶盈盈、生机勃勃的景象，并且具有采摘、销售、体验和科普教育等功能。目前建成的此类温室有北京中农富通园艺有限公司在山西保德和大同、山东莘县、河北南和策划实施的南果主题场馆，北京呀路古热带植物园等。果树展示温室的建设需要进行系统的市场调研和科学的规划设计，对所在区域的地理位置、气候特点、区位优势、市场状况和技术条件等都需要进行可行性分析，对温室设施的高度、保温性能、覆盖材料的透光性、温湿度的可控性能都有较高要求，品种选择也应当考虑其地域及设施适应性。

果树展示温室常用的展示品种包括（但不限于）以下几类。

（1）仁果类果树　如苹果、梨、海棠果、山楂、木瓜等。

（2）核果类果树　如桃、李、杏、樱桃等。
（3）浆果类果树　如猕猴桃、树莓、石榴、葡萄等。
（4）坚果类果树　如核桃、板栗、榛子、银杏等。
（5）柿枣类果树　如君迁子（黑枣）、柿、枣、酸枣等。
（6）柑果类果树　如柑、橘、橙、柚等。
（7）多年生草本水果　如香蕉、菠萝、草莓等。
（8）其他果树　如荔枝、龙眼、枇杷、杨梅、椰子、芒果、油梨等。

（二）蔬菜展示温室

蔬菜展示温室指根据不同主题和时节，运用各种蔬菜类植物，集合无土栽培等生产方式进行植物景观营造，同时对温室进行美化布置，从而营造出新奇独特的蔬菜景观的温室。此类温室也包含以某一特定蔬菜种类或生产技术为展示对象的类型，展示的蔬菜一般形态奇特新颖，具有较强的视觉冲击力，如食用菌、紫色蔬菜、巨型南瓜等，可形成异于人们在日常生活中常见的景观效果，极具观赏价值，往往能给游客留下深刻的印象，如南宫世界博览园、北京农业嘉年华历届蔬菜主题展馆等。

蔬菜品种的分类方法包括植物学分类法、食用（产品）器官分类法和农业生物学分类法。蔬菜展示温室常用的展示品种如下。

（1）按植物学分类的常用品种　我国普遍栽培的蔬菜虽有20多个科，但常见的一些种或变种主要集中在8大科——十字花科、伞形科、茄科、葫芦科、豆科、百合科、菊科、藜科。

（2）按食用（产品）器官分类的常用品种　根菜类，包括肉质根和块根类；茎菜类，包括肉质茎类、嫩茎类、块茎类、根茎类、球茎类、鳞茎类；叶菜类，包括普通叶菜类、结球叶菜类、辛香叶菜类、花菜类；果菜类，包括瓠果类、浆果类、荚果类、杂果类。

（3）按农业生物学分类的常用品种　瓜类、绿叶类、茄果类、白菜类、块茎类、真根类、葱蒜类、甘蓝类、豆荚类、多年生菜类、水生菜类、菌类、其他类。其中展示常用的食用菌有香菇、草菇、蘑菇、木耳、银耳、猴头、竹荪、松口蘑（松茸）、口蘑、红菇、灵芝、虫草、松露、白灵菇和牛肝菌等。

（三）花卉展示温室

花卉展示温室是指运用草本花卉和木本花卉进行温室内布置，并且塑造各种相似场景，展示风格各异的花卉生长环境的展示温室。此类温室也包含以某一特定花卉种类为展示对象的类型，此类花卉一般造型新奇，具有较强的视觉冲击力，如多肉植物、兰花、水生植物等。目前许多大型植物园、世园会、花博会的展览温室都属于这个范畴，它能够令游客身临各类具有异域风情的植物生长环境。北京花卉大观园、北京农业嘉年华兰花主题展馆，山西大同、山东莘县、河北南和农业嘉年华的花卉主题场馆等也在此类型之列。目前国内外已建成的花卉主题展示温室大多都按照花卉原生生境进行分区栽培养护，温室建筑大多也考虑植物特点和养护需求进行分区环境控制，呈现出丰富的外观形态和内部景观形态。

观赏植物的种类极多，范围广泛，不但包括有花的草本植物，还包括有观赏价值的草本或木本的地被植物、花灌木、开花乔木以及盆景等，如麦冬类、景天类、丛生福禄考等地被植物，梅花、桃花、月季、山茶等乔木及花灌木，还有苔藓和蕨类植物。花卉展示温室常用的展示品种包括（但不限于）以下几类。

（1）一年生花卉　在一个生长季内完成生活史的植物。即从播种到开花、结实、枯死均在一个生长季内完成。一般春天播种、夏秋生长，开花结实，然后枯死，因此一年生花卉又称春播花卉。如凤仙花、鸡冠花、百日草、半支莲、万寿菊等。

（2）二年生花卉　在两个生长季内完成生活史的花卉。当年只生长营养器官，越年后开花、结实、死亡。一般秋天播种，次年春季开花，因此二年生花卉又称为秋播花卉。如五彩石竹、紫罗兰、羽衣甘蓝、瓜叶菊等。

（3）多年生花卉　个体寿命超过两年，能多次开花结实。根据地下部分形态变化，又可分为宿根花卉和球根花卉。

（4）水生花卉　在水中或沼泽地生长的花卉，如睡莲、荷花、王莲、热带睡莲等。

（5）岩生花卉　指耐旱性强、适合在岩石园栽培的花卉。常在园林中选用。一般为宿根性或基部木质化的亚灌木类植物，还有蕨类等好阴湿的花卉。

（6）兰科植物　依其生态习性又分为地生兰类（如春兰、蕙兰、建兰、寒兰、墨兰、春剑等）和附生兰类（如石斛、万代兰、兜兰等）。

（7）多浆植物　指茎叶具有发达的贮水组织、呈肥厚多汁变态状的植物。包括仙人掌科、景天科、大戟科、菊科、凤梨科、龙舌兰科等科植物。

（8）蕨类植物　根据观赏方式不同，可分为庭园绿化蕨、盆栽观叶蕨类、垂吊蕨类、山石盆景蕨类。

（9）食虫植物　如猪笼草、瓶子草等。在切花艺术中常用来作艺术插花材料。

（10）凤梨科植物　如水塔花、凤梨等。

（11）棕榈科植物　如蒲葵、棕竹、袖珍椰子等观叶花卉。

（12）花木类有一品红、变叶木等。

（四）其他植物展示温室

其他植物展示温室是指运用其他具有较高经济价值的植物如粮油作物、药用植物、茶、香料植物等来打造温室内景观，并进行相关知识科普及开展互动活动的温室。此类型展示温室一般具有较强的科普性和互动性，深受中小学生的青睐。北京农业嘉年华茶主题展馆、北京药用植物研究所温室、山西大同、山东莘县、河北南和农业嘉年华的药用植物主题场馆等都在此类型之列。此类型展示温室所涉及植物种类数量庞大，且生活习性上存在较大差异，因此设计时需要根据栽培植物（作物）的特性，适当增加补光灯、遮阳网等光照和温湿度调控等方面的配套设施。

其他植物展示温室常用植物品种通常采用按用途和植物学系统相结合的分类方法，一般分为四类。

1. 粮食作物

粮食作物主要有小麦、大麦、燕麦、黑麦、稻、玉米、谷子、高粱、黍、稷、龙爪稷、蜡烛稗、薏苡、大豆、豌豆、绿豆、小豆、蚕豆、豇豆、菜豆、小扁豆、蔓豆、鹰嘴豆、甘薯、马铃薯、木薯、豆薯、山药（薯蓣）、芋、菊芋、蕉藕等。

2. 经济作物

经济作物也称工业原料作物，主要有纤维作物，如棉花、大麻、亚麻、洋麻、黄麻、苘麻、苎麻、龙舌兰麻、蕉麻、菠萝麻等；油料作物有花生、油菜、芝麻、向日葵、蓖麻、苏子、红花；糖料作物有甘蔗、甜菜、甜叶菊、芦粟等；其他作物有烟草、茶叶、薄荷、咖啡、啤酒花、代代花等，此外还有挥发性油料作物，如香茅草等。

3. 饲料及绿肥作物

常见的饲料及绿肥作物有苜蓿、苕子、紫云英、草木樨、田菁、柽麻、三叶草、沙打旺、苏丹草、黑麦草、雀麦草、红萍、水葫芦、水浮莲、水花生等。

4. 药用作物

人工栽培的药用作物常见的有人参、枸杞、黄芪、沙参、颠茄等。由于保健事业的发展，对中草药的需求日增，野生草药供不应求，人工栽培有较好的发展趋势。

（五）动物展示温室

动物展示温室也可以称为种养结合主题展示温室，是进行动物互动展示的一种新形式，将养殖和种植有机地结合在一起，丰富了温室的内容，如畜牧+牧草饲料、蜜蜂+蜜源植物、蚕+纤维植物、鱼菜共生、稻蟹共养、萌宠乐园等。目前此类型展示温室落地项目较少，中农富通在山东莘县的农业嘉年华项目和山西大同的农业嘉年华项目分别建设了此类主题展示场馆，互动性和新颖性较强，受到广大游客的喜爱。为保证动物在室内环境中正常生长、繁育和生活，必须为动物模拟创造出适合其生存的生态环境，场馆内温度、相对湿度、气流组织、压力梯度、噪声、除臭、自动控制以及防火等方面，均需要专用设备完成。对于动物所产生的粪便等排泄物需要及时清除，迅速去除异味（臭味等），实现对动物粪便的转移或就地无害化处理。对于动物种类较多或较为密集的展馆，动物防疫工作也是保护动物的重要工作之一，是动物展示温室类项目首先需要从技术层面解决的问题。做动物类的项目，技术门槛相对来说较高，建设之初就需要解决技术难题，从而改善和保护各种动物的生存环境以及游客的游览环境。

动物展示主题场馆常用品种类型包括家畜、家禽、水产和特种类。

1. 家畜养殖品种

家畜一般是指由人类饲养驯化，且可以人为控制其繁殖的动物，如猪、牛、羊、马、骆驼、家兔等，中国人古代所称的"六畜"是指马、牛、羊、鸡、狗、猪。

2. 家禽养殖品种

家禽是指人工豢养的鸟类，主要为了获取其肉、卵和羽毛，也有用作其他用途主要有家鸡、火鸡、珍珠鸡、鸽、鹌鹑等陆禽及鸭、鹅等水禽。

3. 水产养殖品种

水产是江河湖海里出产的动物或藻类的统称，如鱼、虾、海带等。特色水产有宁乡汤鱼、白甲鱼、毛叶花、穿针子、祁阳笔鱼、湖南过山鳅、鲶拐子、鲌鱼、鳜鱼、赤眼鳟、鳢鱼、靖州埋头鲤、白鳝、黄鳝、田螺、螺蛳、河蚌、大鲵、长沙鳖、君山金龟、洞庭鲞、湘江红曲鱼、螃蟹等。

4. 特种养殖品种

"新、奇、特"是特种养殖的三大特点，主要品种有肉鸽、信鸽、七彩山鸡、锦鸡、鸳鸯、鹧鸪、金丝雀、野兔、獭兔、肉兔、波尔山羊、竹鼠、野猪、香猪、肉狗、狐狸、梅花鹿、麝香鼠、黑豚鼠、黄粉虫、蚯蚓、大麦虫、蝎子、土元、蜗牛、蝇蛆、蚂蚁、蟾蜍、中华鲟、青蛙、金头龟、鹰嘴龟、草龟、林蛙等。新奇特养殖品种也包括农业昆虫类品种，如农业害虫、天敌昆虫、资源昆虫、食用昆虫等。

第三节
现代农业展示温室相关理论

现代农业展示温室项目的建设需要多种理论的综合运用，与设施园艺学、园林学、生态学、景观美学、旅游心理学、建筑学以及历史、人文、风俗等多学科和多因素息息相关。园艺设施、园艺植物和园艺技术是多数现代农业展示温室主题表达的核心，景观、旅游、文化等是现代温室功能拓展的方向，本节对相关理论做集中探讨。

一、设施园艺学

设施园艺学运用于现代农业展示温室景观设计主要有三个方面的理论。

（一）园艺设施的规划设计与建设理论

园艺设施随着社会的发展和科技的进步，逐步由简单到复杂、由低级到高级，发展成为今日的各种类型的栽培设施，满足不同作物不同季节的需要。现代农业展示温室包含可以满足园艺生产的多种设施类型，如钢结构+玻璃建筑等各种保护地设施。要做好景观设计，需要了解设施园艺的相关理论，包括园艺设施建筑的特点与要求、场地的选择与布局、园艺设施的结构以及建筑与施工等。

（二）园艺设施的环境特征与其调节控制理论

生产经营者可以根据作物遗传特性和生物学特性对园艺设施环境进行干预和调控，尽可能使植物与环境协调、统一、平衡，从而实现最大效益。现代设施园艺的调控主要使用硬件设备系统与计算机软件系统的综合管理体系，通过环境数据采集和制定相应的环境调控指数与流程实现环境的调控和优化。

（1）通过遮光设备、补光设备等，实现光照环境的调节。

（2）通过对设施内部土壤或空气进行加热或冷却，实现气温或地温的调节。

（3）通过向设施内增施二氧化碳，提高设施内部的二氧化碳浓度。

（4）通过微喷雾装置，提高设施内的湿度。

设施内环境虽然在很大程度上受到外界环境的影响，但与露地栽培存在着本质的区别，它可以使在露地生产中无能为力的对环境因素的调控成为可能。充分了解和掌握设施环境条件和调控技术，可以充分发挥设施优势，在空间利用、布局以及栽培技术、植物选择上发挥优势，充分利用好不同的设施条件。

（三）园艺作物的设施栽培技术

园艺作物的设施栽培包括设施育苗、设施蔬菜栽培、设施花卉栽培、设施果树栽培、无土栽培等几个主要方面。

1. 设施育苗

20世纪80年代以来，随着农业种植业结构的调整给蔬菜产业带来发展契机，蔬菜生产日趋规模化、产业化，新型工厂化设施育苗模式得以推广。工厂化设施育苗是以先进的育苗设备结合高档的农业设施，并结合现代生物技术、环境调控技术、信息管理技术等园艺应用技术，以现代企业经营的模式来进行优质种苗生产与营销的体系。

2. 设施蔬菜栽培

设施蔬菜栽培属于高科技高效集约型农业生产模式，要求将现代化的栽培管理技术结合企业的经营管理技术，以高投入、高产出为目标。其主要特点是：一般都能实现半封闭式或全封闭式的环境调控，有利于创造蔬菜作物最适生长发育的环境条件，实现优质高产的目的。由于能够实现周年的避雨和温度的调节，设施的土壤水分管理、通风换气、冬季加温保温、夏季防止热蓄积等都要求精细集约的管理技术。在全封闭式环境调控条件下，可利用物理防治技术、生物防治技术防治病虫害，减少农药的施用量，利于环境生态的和谐发展。设施蔬菜栽培季节长，复种指数高，对于长季节栽培的果菜类如甜椒、茄子、西红柿、黄瓜等，栽培技术的关键就是要保持营养生长和生殖生长的平衡。蔬菜的设施栽培可实现周年生产，且不同的季节要选择与环境相适应的品种以适应不同的外部气候条件，防止生长障碍的发生和投入成本的增加。

3. 设施花卉栽培

花卉与其他园艺作物不同，花卉是以观花、观叶、观果等为主，它主要是为了满足人们内心对于美的追求，因此生产高质量的花卉产品是花卉产业的最终目标。现代农业展示温室涉及花卉的有几种形式：一是以生产为主兼有观光的性质，这样可以展示出植物的整个生理过程和生产技术；二是展销类型的观光温室，主要是以成品或半成品作为景观进行表达，主要是表达植物的某个生理阶段，对技术的要求相对不严；应用更多的是综合型温室，花卉起到环境营造的作用，这种形式对技术的要求相对不高。但不论是哪种类型，对花卉还是要有基本的认识和了解，需要说明的是生产兼观光的温室需要专业人员进行设计。

4. 设施果树栽培

设施果树栽培是人工利用保护设施，如塑料拱棚、日光温室、连栋温室等，在不能生产或生产量很低的季节里创造适合果树生长发育的条件（包括光照、温度、水分、空气等），从而实现优质果品生产，显著提高果树的经济收益，同时通过设施栽培提高果树抵御自然灾害的能力，防止果树花期的晚霜危害和幼果发育期间的低温冻害，还可以极大地减少病虫鸟等危害。目前，果树设施栽培的理论与技术已成为果树栽培学的一个重要分支，并已形成促成、延后、避雨等栽培技术体系以及相应的栽培模式。

5. 无土栽培

无土栽培技术是指不用天然土壤，而用营养液或营养液结合混合基质栽培作物的方法。实践证明，无土栽培系统可以代替天然土壤向作物提供良好的水、肥、气、热等根际生长发育的环境条件。无土栽培已经成为设施园艺中一种省工、省力、能克服连作障碍的新型实用技术和实现工厂化高效农业的理想栽培模式。现代农业展示温室的无土栽培模式主要包括营养液栽培模式和基质栽培模式。其中营养液栽培模式也称水培模式展示，主要包括浮板毛管水培模式、营养液膜水培技术、管道水培技术、雾培技术等；基质栽培模式包括管道槽式基质栽培模式、箱式基质培栽培模式、袋培基质培模式式等。

现代农业展示温室作为农业经营的特殊形式，伴随着乡村振兴的发展，其意义日渐增加。现代农业展示温室的策划需要按照设施园艺学知识，从设施环境、功能、结构、形式等方面考虑景观营造，使之既富有农业特色，又有综合功能。

二、旅游心理学

影响旅游观光的因素有多种，一般情况主要是人为因素，包括旅游资源的开发和利用，政府、地方及企业的积极性，旅游设施的完善度，特别是旅游服务质量，而这些都体现着以人为本的设计诉求。旅游心理学的研究对象主要是旅游者、旅游服务人员和旅游企业管理人员。探索旅游心理方面的内容，在旅游产品的开发、设计和实施等环节都具有极其重要的意义。以下主要从与现代农业展示温室策划密切相关的旅游心理动机、感知等方面出发，进行浅显的阐述。

（一）旅游动机

1. 需要、动机和行为

需要是个体对外在环境的客观需求在大脑中的反映，也是缺乏某种东西时的一种主观状态，它是客观需求的反映，以意向、愿望的形式表现出来，这种客观需求既包括人体内的生理需求，也包括外部的、社会的需求。它们在演化为心理现象之后，表现为需要，最终转变为推动人进行活动的动机。动机，是在需要的基础上产生的，激励和维持人的行动，并将使行动导向某一目标，以满足个体某种需要的内部动因。内在条件是指需要，其使人产生欲望和驱力。人的行为受到以下两方面的影响，个体内部特征和外部环境，随其本人的主观因素（包括心理因素和生理因素）和所处的客观环境（包括个人社交环境、商业环境、群体和社会）因素的变化而变化。

动机和需要有紧密的联系。在需要的基础上产生动机，但动机又不等同于需要。只有需要到达一定程度，才能成为推动或组织某种活动的内在动力。人的动机是产生行为的直接心理动因，人的需要是引发动机的原因。

2. 旅游需要、旅游动机和旅游行为

旅游需要是人们有旅游需求并在旅游活动中的一种反映。旅游需要的产生，受到经济、时间和社会这三方面因素的制约。旅游动机是使人处于积极状态并推动人们进行旅游活动，以达到一定目标的动力。旅游动机的产生必须具备两个方面的条件：一个是个体内在条件即旅游需要；二是外在条件，即刺激。

旅游动机和旅游需要是互相联系而又密不可分的，人们的旅游动机都是为了满足多种多样的旅游需求。旅游动机的实质是旅游需要，但不能将二者等同起来，二者之间的转化是有一定的条件的。必须达到某种条件（满足某种旅游需要的对象为条件）之后，才能使潜在的某种旅游需要状态转化成积极活跃的状态，旅游的需要才能转化为旅游活动的动机。一旦旅游动机形成，它就可以推进人们的旅游行为，将行为指向特定的方向、预期的目标，并保持和发展人的旅游行为，使之达到满足旅游需要的目标。因此，旅游动机是在旅游需要的刺激下直接推动人去进行旅游活动的内部动力。

3. 农业旅游动机

人类从不否认自身对大自然的热切向往，农业作为"第二自然"，拥有最多的自然资源。自从城市成为大众生活的主体环境，许多人失去了与农业亲密接触的机会，对农业环境、农耕文化及耕作收获的体验需求最终成为推动人们进行农业旅游的动机。现代农业展示温室其本质是一种可以满足人们上述需求的旅游产品，是实施现代农业文化教育的理想场所。在农业展示温室内观菜赏果，感叹科技对人类生活的影响，感受和谐舒适的游赏空间，使人达到多层次的景观体验。

（二）旅游知觉

知觉是人脑对直接作用于感官的客观事物整体属性的反映。知觉的分类方式有多种，根据对知觉起到主导作用的感官特性，可以将知觉分为视知觉、听知觉、触知觉、嗅知觉和味知觉等。根据人脑反映的事物特性，可以将知觉分为空间知觉、时间知觉和运动知觉等。旅游知觉是旅游者在旅游这个特殊的活动中所形成的知觉，它是旅游者主动寻找、接受信息，并在一定的结构中进行信息加工的心理过程。实践表明，旅游决策、对旅游景点的印象、具体旅游活动的安排以及旅游需要满足与否的评价，都与旅游者的知觉心理特点有密切的关系。

旅游知觉主要有四方面特点，即旅游知觉的整体性、旅游知觉的选择性、旅游知觉的理解性和旅游知觉的恒常性。

（1）整体性　知觉的整体性是指人们在知觉客观事物时，总是将事物的不同部分和属性综合起来作为一个整体来反映。知觉的整体性使人们对客观现实的反映更趋向于完善全面从而保证认知活动的有效进行。

（2）选择性　知觉的选择性是指人在知觉客观事物时，总是有选择地将少数事物当成知觉的对象，而将其他事物当成知觉的背景，以便更清晰地感知一定的事物与对象。简而言之，知觉的选择性就是将知觉的对象从背景中分离出来的特性。在旅游过程中，并非每件事情都是我们感知的对象，需要我们人为地将其分为感知的对象和背景。在这个过程中受到多种因素的影响，如对象的新颖性、与周边背景的差异性、对象的动态变化性、旅游者的知识与兴趣等。

（3）理解性　人在知觉过程中，往往会结合自己的知识和经验，对知觉的对象进行解释，即知觉的理解性。

（4）恒常性　在旅游活动中，旅游知觉的客观条件在一定条件下会生改变，而旅游者所获得的知觉形象在相当程度上保持着它的稳定性，这就是旅游知觉的恒常性。如颜色、大小和性状的恒常性。

为了让旅游者深入地感知和理解产品的内涵，要注重知觉的特点，针对不同的对象群体特征不同对待。需要注意的是，农业展示温室项目，特别是科技观光类，参观者往往不能深入理解感知对象，这时候就需要我们在策划时，借助其他的手法如引导深入、分解展示、景点介绍牌、语音系统或导游来实现旅游者对其更多的了解和认识，调动他们的积极性，创造符合人们旅游心理，具有一定趣味性、文化性、安全性的环境，使人达到舒适、愉悦、流连忘返的意境。

三、景观生态学

景观生态学借鉴生态学、地理学、生态系统理论、系统论、生物学等多学科理论，强调对环境的保护和发展。它是以整个景观为对象，通过物质流、能量流、信息流与价值流在地球表层的传输和交换，通过生物与非生物以及与人类之间的相互作用与转化，运用生态系统原理和系统方法研究景观结构和功能，景观动态变化以及相互作用机制，景观的美化格局、优化结构、合理利用和保护的学科。很多景观生态学理论已被广泛应用于土地利用、自然保护和环境保护。随着农业景观的整体规划、农业用地的合理规划和农业生产力的发展，景观生态学的原理越来越得到重视，农业展示温室项目的策划必须遵循景观生态学的原则，同时维护农村生态系统的稳定。

（一）生态平衡原理

生态平衡是自然界中一个十分重要的法则，在景观园林的建设中，景观园林设计师们会着眼于整个景观园林的内部结构和布局形式，以及自然的地貌地形和江河湖海甚至城市各部分功能区的分布关系。景观园林的合理布局可以轻而易举地达到生态平衡的目的，并且可以长期保持，生生不息。

（二）互利共生原理

在生态系统中，各个物种之间存在各种各样的关系，如竞争、捕食、共生等。互利共生是共生中的一种形态，指的是共生的物种双方互相都能从对方身上获得所需要的营养。

（三）生物多样性原理

生物的种类越多、越复杂，生态系统就会越稳定，生态系统的抵抗力就会越强，景观园林就能更长久地存在。因此，在园林景观的设计中，园林景观设计师一定要考虑到生物多样性的问题，从而更好地维持生态系统的稳定性。

四、景观美学

美学是以对美的本质及其意义的研究为主题的学科，是哲学的一个分支。德国哲学家亚历山大·戈特利布·鲍姆加登《美学》(*Aesthetical*) 一书的出版标志了美学作为一门独立学科的产生。美学的认知是人类理性与感性共同作用的结果，是认识客体的美学本质。

景观美学具有三个特征。其一，具有独立性。景观美学在研究观赏客体的审美特征和观赏主体的审美心理的同时还涉及两者对立统一所构建的景观审美意境。其二，具有综合性。景观美学是从总体层面的角度研究景观的审美问题。其三，兼具理论性和应用性。围绕景观审美的基本问题，将直观的、感性的、实践的审美经验上升和发展到审美理论的高度，构成科学的审美理论体系。并运用审美理论指导景观审美实践，解决景观建设和保护、利用和观赏、管理和发展中所提出来的带有普遍一般性的审美问题，景观美学较为注重理论研究。

（一）基本原则

景观美学的理论建构中应该始终体现功能性、艺术性和生态性相统一的原则。这是从景观设计与景观规划艺术本身发展的特点和规律提出的要求，同时也是适应当今城市化进程中应该尊重自然、保护环境，走可持续发展之路的需要。

（1）功能性原则　　景观设计与景观规划，首先是科学，然后才是艺术和美学。在充分尊重科学规律的前提下，还必须指出景观美学中功能性因素的重要性。从景观规划设计的角度来看，评价景观设计的优劣，不只是在于环境优美与否，更为重要的是这个景观的设计和规划是否首先解决了功能的问题，是否形成了适宜的场所感，使用上是否方便舒适，与周围环境是否和谐，土地资源的开发利用是否合理等。景观规划的使用功能存在于各类景观设施本身，它直接向人们提供便利、安全、保护、信息等服务。

（2）艺术性原则　　卡尔普纳认为，艺术不能提供任何知识层面的意义（Intellectual meaning），艺术只以美为对象。这个论断同样适用于对景观规划的美学评价，景观设计一个非常重要的因素就是艺术性因素。而附着在景观规划之上的民族风格和文化特色，往往蕴涵在我们对形式观念提出的解读之中。马克思所说，"社会有机体制本身作为一个总体有自己的各种前提，而它向总体的发展过程就在于：使社会的一切要素从属于自己，或者把自己缺乏的器官从社会中创造出来"。这个观点同样适用于景观设计与规划，各种文化传统和地域文化都可以作为要素"从属于自己"，而在此基础上，不断创造、更新、发掘出新的艺术意蕴也正是景观设计与规划美学走向成熟和深刻的必由之路。

（3）生态性原则　　当前景观规划中一个焦点问题就是生态问题。在景观设计中，环保主要体现在人与自然的亲和及绿化等方面。景观设计的生态性原则还应该体现在节约上。英国人Hackett曾指出，"在景观规划这样大面积地区的规划领域，日益注重对生态学基础的需要是一件令人鼓舞的事实，但接受生态学原则是一回事，而将其付诸实践又是一回事"。

此外，设计适度性原则、文化传承性原则、地域化原则等也均是在当代审美文化与和谐社会城市文化建设实践的有机体中多层次、多方位、动态地提升景观美学的理论建构水平和现实审美价值的重要原则。

（二）植物景观美学

植物是反映景观类型的代表性元素之一，也是表达地域性自然景观的指示性要素。植物景观设计，能保证生态可持续性发展，并使环境具有美学欣赏价值、日常使用功能。因此，植物景观设计成为现代园林景观中最重要的设计内容之一。

现代植物景观设计除了考虑植物形成的空间及尺度，以及反映当地自然条件和地域景观特征外，还应着重展示植物群落的自然分布特点和整体景观的美感。因此，美学对于植物景观也很重要，植物景观设计师对客观条件的理性分析以及主观的感性认识在植物景观设计中所占比重很大，只有通过不断的实践和反复的思考，逐步体会到植物景观设计的本质，才能逐渐摸索出植物景观设计中的审美规律。

植物是建筑与构筑物空间塑造及划分的重要组成部分，构筑物构成硬质景观，而植物是软质景观部分。植物景观不但可以净化、美化环境，植物景观本身也具有独特的魅力。在植物景观设计中，巧妙地运用线条、空间感、质感、颜色、风格等美学原理是创造美景的有效途径。

五、生物多样性保护理论

（一）生物多样性

"生物多样性"是生物（动物、植物、微生物）与环境形成的生态复合体以及与此相关的各种生态过程的总和，包括生态系统、物种和基因三个层次。生物多样性是人类赖以生存的条件，是经济社会可持续发展的基础，是生态安全和粮食安全的保障。

世界各国采取了一致行为以共同应对日益严重的全球性生物多样性危机。1992年，在巴西里约热内卢举行的联合国环境与发展大会上签署了《生物多样性公约》《里约宣言》，在所发布的《地球宪章》中指出，"地球提供了生命演化所必需的条件，生命群落的恢复力和人类的福祉依赖于：保护一个拥有所有生态系统、种类繁多的动植物、肥沃的土壤、纯净的水和清洁的空气的健全的生物圈。资源有限的全球环境是全人类共同关心的问题。保护地球的生命力、多样性和美丽是一种神圣的职责"。《生物多样性公约》于1993年12月29日正式生效，目前共有196个缔约方，我国是最早的缔约方之一。该公约具有法律约束力，旨在保护濒临灭绝的动植物和地球上多种多样的生物资源。

我国政府有关部门十分重视对生物资源的有效保护。2003年1月，中国科学院倡导启动了一项濒危植物抢救工程，计划在15年内将所属12个植物园保护的植物种类从1.3万种增加到2.1万种，并建立总面积为458km^2的世界最大的植物园。此项工程中，用于收集珍稀濒危植物的资金达3亿多元，以秦岭、武汉、西双版纳和北京等地为中心建设基因库。目前，包括15个中国科学院院属及共建植物园，收集保藏了21 000余种植物物种，约占全国植物物种的60%，活体保存物种的90%；迁地保护了445种极危植物、787种濒危植物和1 130种易危植物，数十种濒危植物已开始进行野外回归试验。通过开展"本土物种全覆盖保护计划"（Ⅰ期），对15个代表性区域（约占国土面积的37.4%）开展了本土植物的评估、清查与保护等工作，为我国本土植物的清查与保护提供了重要数据支撑。

（二）植物迁地保育

珍稀濒危植物迁地保护是指世界上部分植物品种由于受到人类严重威胁或气候变化等自然因素面临灭绝的危机，它们具有一些特殊的生物-生态学特性，在引种、繁殖和栽培它们时，要因种类而异采取一些必要的特殊栽培、繁殖技术，与植物引种驯化相似。目前植物迁地保护主要是对活的植物体、植物器官和组织在人为条件下进行保护。随着科学的发展，尤其是分子生物学和基因工程的发展，建立基因库也是植物迁地保护的重要方式。

1. 活体植物整体迁地保护

活体植物整体迁地保护也称有机体保护，是将整个植株带离其天然生境，用人工方法繁殖并栽培在符合其生长条件的场地上，如植物园、树木园或其他栽培地，让他们繁殖后代。植物园、树木园等地方所建立的标本园、专类园、植物温室是活植物迁地保护的重要地方，不少稀有濒危植物通过以上方法得到保护。部分植物在他们的自然生境中灭绝了，但在植物园中还保存了它们的少数个体。农业、林业、园艺等栽培环境也是活植物的重要迁地保护地。古今中外，有不少野生植物就是因为它们具有重要的利用价值，被人们栽培在上述环境中，从而不断地繁殖后代，如银杏、水杉等。

2. 种子和组织的迁地保护

保存某种植物的种子、孢子粉、器官和组织等在人工条件下使其种类及它们的遗传基因能得到延续，为未来的利用、培育计划服务是植物迁地保护的另一种方法。这种方法所占空间小，所需人力资源少，且能较好地保护物种及其遗传的多样性，但一次性投入较大。不同类型植物适用不同的此类保护方法，如谷类、瓜类及豆类种子一般适用于干燥、低温条件贮藏进行保护，而乔木类和很多热带植物种子属于顽拗型且寿命短，一般不能在低温、干燥条件下贮藏保护。组织培养方法则可以解决不产生种子或虽然产生种子但不适于低温干燥条件下贮藏的植物种类的保护问题。

3. 基因文库保存

由于分子生物学和基因工程研究的迅速发展，植物基因转移技术已广泛应用。一种植物的基因如强抗逆性基因、特殊营养价值基因，加上适当的调控元件之后，可以在另一种植物中表达，培育转基因植物以改良其品质和提高作物的抗逆性，如抗病害、抗盐碱、抗高温和抗严寒等。这样，基因文库（genelibrary）的建设成为一种新型的植物迁地保存类型。从目前的发展看，基因文库对基因的保存与保护主要有下方式：①叶片或其他组织的氮保存；②野生植物特殊基因和稀有植物基因（DNA）的提取、分离和保存；③其他形式或植物基因材料的保存（如标本）等。

六、文化附加值理论

（一）文化附加值的定义

文化附加值是指产品通过工艺、技术、广告、公关、服务等各种方式留给消费者的一个有独特内涵的形象，这个独特内涵是产品表达的意义，是无形的，是附加在产品物质形态上的。

（二）文化附加值与产品价值的关系

消费者的心理需求有不同的类型和层次，根据马斯洛提出的"需求层次论"，人总是先追求较低层次的生理需求，当温饱等低层次需求得到一定程度满足后，才会转向追求较高层次的精神需求。改革开放以来，随着生活质量的逐步提高，消费者对产品的需求上升到了一个新的层次，满足基本需要的生活必需品在总需求中所占的比重相对减少，而精神文化方面的高层次需求日益增加。因此在社会现阶段中，任何产品在流通领域中实现自身价值时，都不可避免受到其文化附加值的影响。文化附加值较高，实现产品价值便有了保障；反之，如果文化附加值较低，产品便不易实现其自身价值。这是由消费者的消费心理支配决定的。

（三）设计如何创造文化附加值

设计蕴涵的文化信息具有零碎、分散等特点，将碎片化的文化信息进行采集和延展，不一定是完整的，也谈不上体系，看似难以产生多大的冲击力量，更难以带动社会生活的变革。但是，尽管单一设计所传递的文化信息有限，文化影响力薄弱，由于设计总量极大，传播速度快，覆盖面宽广，而且大多数作品重复发布，充满生活的时空，就像一张覆盖社会各个角落的无形大网，能够形成一股强大的力量，获得话语权，在公共领域扮演越来越重要的角色，支配人们的现实生活。在文化消费盛行的当代社会，文化已成为工商企业的一张大牌，被越来越多地应用于市场竞争之中，设计不断地赋予和提升文化内涵，在长久和反复的传播过程中行使文化的功能。

设计是一种文化行为，设计通过对产品的包装和宣传进而引导人们实现消费行为。而现代人的消费，已从追求产品实用性的单一需求，走向对产品文化价值追求的多元需求上。设计在承担发掘与传播产品中蕴含的深广的文化意义的任务。从某种程度上来说，创意的竞争，是对产品蕴含的文化价值的理解和传达的竞争；消费者对设计产品的认可，是对广告传达的产品的文化价值的认同。我们可以确认的是，当代人已然更为注重文化本身的消费。消费者通过文化消费表达生活态度和文化认同，设计要做的是在产品、服务以及各类消费场景中寻找更多文化表达的新方式，为更多富含营养的文化资源创造与大众亲密接触的机会，让文化的价值不断被发现和应用。

七、营销模式创新理论

（一）新零售

新零售是以互联网为依托，通过运用大数据、人工智能等先进手段，通过产品的生产，对流通与销售过程进行升级改造，进而重塑业态结构与生态圈，并对线上服务线下体验，以及现代物流进行深度融合的新零售模式。

对于新零售，马云认为，纯电商时代已经过去了，未来10年、20年没有电子商务这一说，只有新零售这一说。

在移动互联网时代，决胜移动终端的本质并不是"在哪买"，而是"为何买"，通过移动情景创造购物需求与体验；通过位置与移动签到构建消费驱动力；通过实体店新价值展厅效应的打造弥合线上线下鸿沟；通过定时报价机制、扫码比价机制促进形成实体店决策；通过融合手机支付、现场扫描与信息回馈技术让购物的终点成为起点；通过社交网络建立用户连接与多个客户接触点；通过大数据分析改善产品，提升购物满意度。

未来线上与线下零售将深度结合，再加上新的物流模式，服务商利用大数据、云计算等创新技术，构成未来新零售的概念，纯电商的时代很快将结束，纯零售的形式也将被打破，新零售引领未来全新的商业模式。并且随着移动网络乃至智能网络的发展，线上和线下的边界将越来越模糊。零售业的竞争开始回归零售的本质——谁能更好地满足消费者，升级的只是各种形式和手段。

所以，新零售将更加注重移动互联网技术、智能技术的全面应用，使购买和消费成为一件更智能、更新奇、更好玩的事情。现代社会人们已经从传统的物质消费进入精神消费，很多商品不再是必须需求，但是"玩乐"一定会成为大家共同的追求所在。农业展示温室的策划也一定是朝着更智能、更新奇、更好玩的方向发展才能有足够的吸引力。

（二）现代服务业

现代服务业是以现代科学技术特别是信息网络技术为主要支撑，建立在新的商业模式、服务方式和管理方法基础上的服务产业。现代服务业的内在本质是伴随着信息技术和知识经济的发展产生，用现代化的新技术、新业态和新服务方式改造传统服务业，创造需求，引导消费，向社会提供高附加值、高层次、知识型的生产服务和生活服务的服务业。现代服务业具有以下五个方面的时代特征。

（1）突破消费性服务业领域，形成了生产性、智力（知识）型服务业和公共服务业新领域。

（2）通过服务功能换代和服务模式创新产生新的服务业，如植物医院、萌宠乐园等服务模式和消费产品的出现。

（3）一般具有高文化品位、高技术含量、高增值服务、高素质、高智力和人力资源结构、高情感体验、高精神销售的消费服务质量。

（4）具有资源消耗少、环境污染少等优点，是地区综合竞争力和现代化水平的重要标志。

（5）在发展过程中呈现集群性特点，主要表现在行业集群和空间上集群。

农业展示温室作为现代服务业的空间载体形式之一，在其功能策划上应该结合现代服务业的特点，并考虑新的营销模式，在项目落地前评估其可实施性和经济效益。

八、STS教育理论

科学、技术、社会（Science Technology Society，STS）教育是科学教育改革中兴起的一种新的科学教育构想，其宗旨是培养具有科学素质的公民。它要求面向公众，面向全体；强调理解科学、技术和社会三者的关系；重视科学、技术在社会生产、人们生活中的应用；重视科学的价值取向，要求人们在从事任何科学发现、技术发明创造时，都要考虑社会效果，并能为科技发展带来的不良后果承担社会责任。

STS研究和STS教育始于20世纪60至70年代西方发达国家。科学技术迅速发展，带来了经济发达、社会繁荣，人们生活幸福，但与科学技术发展有关的重大社会问题（如环境、生态、人口、能源、资源等）也随之不断出现。为了解决这些问题，STS研究和STS教育应运而生。可以说，STS研究和STS教育的产生是社会发展的需要。STS研究和STS教育具有以下几方面特点。

（1）在科学教育目标上，由过去片面追求个体认知的发展、知识的掌握转向包括认知、情感、态度在内的公民"科学素养"的普遍提高。STS教育项目扩展了科学教育的目标，突出了个人发展、社会发展与文化的目标、对科学的文化解读、对科学的社会价值与人生意义的理解。

（2）在内容构成上，倾向综合化。英国著名的STS项目——SISCON（Science in asocial context），该项目强调联系学生的生活背景来学习科学与技术，明晰它们的关系。为此，该项目设置了"健康与医学""食物与农业""人口""能源"等一系列专题。在这些专题中，有关经济、环境、健康等问题都被纳入到学生的视野中，他们从中不仅接受了知识的学习，而且同时接受了价值教育。总之，由于生活本身的完整性与多样性，课程就必须综合化，只有这样，才能使学生获得对世界的综合与多维的理解，也才能更真实地了解现实世界。

（3）在教学方式上，更加注重探究与体验。由于STS教育旨在提高公民的"科学素养"，因而它在教学方式上就必然重视学习过程中的探究与体验。STS课程采取课堂讲解、问题讨论、角色扮演、模拟游戏、学生论坛、公众访谈、社会咨询等教学方式，有别于我国课堂上传统的科学教育，重在唤醒主体的自我意识及情感体验，而不只是把联系学生的生活、贴近学生的生活视为理论联系实际的途径与手段。STS教育更体现了科学教育的本质特点，即科学方法、科学态度不是教出来的，而是在实践中探究与体验出来的。

具有科普教育功能的农业展示温室的策划可以更深入研究STS教育理论所倡导的方法，并成为辅助学校实践这一理论的课外场所。

第三章

现代农业展示温室的设计目标与步骤

第一节
设计目标：创新拓展现代温室功能

近年来，温室的功能从单一的生产、科研或休闲体验拓展为社会功能多样化的展示平台。随着社会的进步、经济的增长、人民生活水平的提高，人们对工作、生活、购物和休闲的空间环境提出了更高要求。温室不再局限于植物的栽培展示和简单的科普活动，餐饮、购物、休闲娱乐、花卉及宠物批发零售，以及婚礼宴请等多层次的需求丰富了温室的功能和用途，体现了人与自然和谐相处，提高了都市人们对生态自然环境的热爱。因此，现代农业展示温室设计的目标即创新并拓展现代温室的功能。功能设计是功能创新和产品设计的早期工作，也是产品开发定位及其实施环节，体现了设计中市场的导向作用，以消费者的潜在需求和功能成本规划为依据，使企业跳出产品同质化陷阱。"克隆"的价值是有限的，发展贵在创新，只有创新才能保持竞争优势。

一、现代农业展示温室功能拓展实践

美国匹兹堡的菲普斯（Phipps）温室植物园定期举办花展，园内设有咖啡馆和礼品店，实行会员制并利用互联网针对不同年龄阶段的人群开展不同系列的主题活动。通过这些活动，潜移默化建立起温室植物园在各阶段人群中的形象和品牌价值。英国都比斯花园中心景观温室门头的设计极富现代感，其运营理念是让更多的消费者把花园中心当成家庭娱乐休闲的目的地，花园中心有自营的餐馆，让花园中心成为集购物、娱乐、休闲为一体的理想去处，成为家庭娱乐休闲的目的地。美国长木花园温室内经常有音乐表演、聚餐宴会等活动；布鲁克林现代农业温室内可举办婚礼等。通过拓展温室使用功能，举办特色活动，满足了人们对高品质生活的追求。我国上海辰山植物园温室设计了大空间如草坪和广场，定期在室内举办晚宴、音乐表演、相亲派对等活动，很好地拓展了农业展示温室的社会功能。

这些成功实践都说明现代展示温室的设计在考虑多功能和用途的基础上，要根据现代经营模式和理念，在设计风格和氛围上更多注重现代元素和自然生态环境的有机结合，打造具有品牌形象的商业新模式。新商业模式的运用、新材料和新能源的利用、新种植技术的研究应用以及多学科技术的融合，都为温室的发展提供了更多机遇和内涵。

二、现代农业展示温室创新实施手段

创新出具有科学性、创造性、新颖性及实用性的成果是设计本质的要求，也是时代的要求。创新设计可以从以下几个侧重点出发。

（一）从用户需求出发

以人为本，满足用户的需求。任何空间设计都应以人的需求为出发点，并体现出对人的关怀，根据不同人群的心理行为特点，设计满足其各自需要的不同空间。

（二）从成本设计理念出发

采用新材料、新方法、新技术，降低产品成本、提高产品质量、提高产品竞争力。

（三）理念升级

由"单一功能"向"复合功能"提升，从而形成7×24×365天的服务概念，并将多功能服务理念融入到项目设计中。

（四）角色的升级

角色定位从单一的设计方向整合经营商、运营商升级，在项目的设计过程中立足区域开发与核心项目建设和开发的角色，打造出以主要功能+辅助功能为依托的运营平台，充分导入具有联动供应能力的专业服务机构，实现运营协作，共享经营。

（五）规模的升级

从"项目"过渡到"项目群"，项目要完善产品体系，提升区域影响力，实现区域联动。项目的发展绝不能局限于项目地块本身，而应当从发展特色和发展潜力考虑，跳出项目地块，放眼区域，即立足地块，作为启动核心，联动实现区域的整合升级，为整个区域的发展发挥带动和示范作用。

（六）产品的升级

传统的产品已并不能满足现代人对于品质的需求，要做有品牌的产品，有知识性的产品，有文化的产品，有娱乐性的产品，有体验性的产品，国际化的产品。

（1）品牌化　一种是将企业的品牌文化融入项目；另一种是善用资源，结合区域文化，做出创意和特色，塑造项目品牌。

（2）知识化　现代温室是"自然与生活科技"学习领域实施自然教育的场地之一，知识的专业化是教育功能实施的关键因素。

（3）体验化　重视游客参与，设计体验活动。将游客融入情境，感动其视觉、听觉、味觉、嗅觉、触觉，使其产生美好的感觉，这将是未来休闲类温室在竞争中取胜的关键。

（4）娱乐化　创新产品的游乐方式，让游客在美景如画的环境中玩得尽情尽兴。

（5）国际化　扩大视野，迈向国际市场，产品设计上更加人性化、国际化，吸引国际游客更多地走进项目，体验中国文化。

三、现代农业展示温室创新建设要点

以产业为基础，以科技为支撑，以文化为纽带，以旅游为特色，以乐活为目标，系统规划项目布局，完善基础配套设施，建立创新运行机制，分析人群需求、产业基础及消费趋势，将单一功能有机组合形成新的多功能服务空间，是现代农业展示温室创新设计的重点。实现功能创新的主要措施包括四个方面。

（一）表现手法创新

随着人们需求的不断变化，传统的设计表现手法已不能适应市场的需求。因此，创新现代农业展示温室的设计表现手法，整合项目资源及要素，形成独特吸引力和品牌形象是实现其功能创新的必然选择和重要工作。概括而言，现代农业展示温室可以从以丰富感官体验、游客主动参与和基于虚拟现实（VR）及增强现实（AR）的体验探索为导向三个方面努力创新。

（二）活动策划创新

提升展示温室景观的参与性，设计大量兼具时尚与传统理念的互动项目，包括农耕、非遗、科普、养生等类。活动策划必须全年化，依托周年运营的经营理念，根据时令特点策划相应的活动，提高关注度。同时，活动项目应该有特色，有新颖独特的体验；应该体现层次，针对不同消费层次的游客设计不同层次的主题活动；应有组织，游线清晰、有秩序；应该有深度，促进行业信息交流，深度开发特色加工产品，推动企业推广、教育培训等。

（三）科技展示创新

现代农业展示温室是一个与设施园艺相结合，进行新品种、新技术、新设备、新工艺展示的窗口，不但要展现国内外先进的设施装备、丰富的优质品种、先进的农林科技，同时也要求广大实践者不断地创新，对栽培设施、栽培模式、表现形式等加以创新，增加展示温室的新、奇、特色彩，吸引游客的猎奇体验，才能持续推动其发展。

（四）发展模式创新

现代农业展示温室发展模式也是需要重点研究的方向。在落地建设和运营管理上，需要引入市场机制，实现政府建设、运营公司运营；或者政府引导，企业投资和运营，直至完全由企业投资运营。同时，也可以利用现有的社会资源，如对部分城市公园加以开发改造，与科研基地、生产基地、教育培训基地相结合等。在植物园、农业产业园、田园综合体等的探索、发展过程中，现代农业展示温室可以作为其中的核心区进行引领，带动整个项目或区域的发展，并从理论、模式、科技等方面加以革新。

第二节
现代农业展示温室的设计步骤

要设计一个好的农业展示温室,绝不是由设计单位单方面就能完成,必须是由植物学专家和园林设计师主导,涉及规划、景观、建筑、技术、工程等多部门联动,建筑、结构、水电、物联网、园林、园艺、植物生理、植物保护、设施园艺等多专业配合而成。一个现代农业展示温室项目的落地从前期到后期完整的步骤包括商务洽谈、项目调研、总体规划、建筑设计、景观设计、方案扩初、施工图设计、成本控制、施工配合及项目回访等工作阶段(图3-1)。

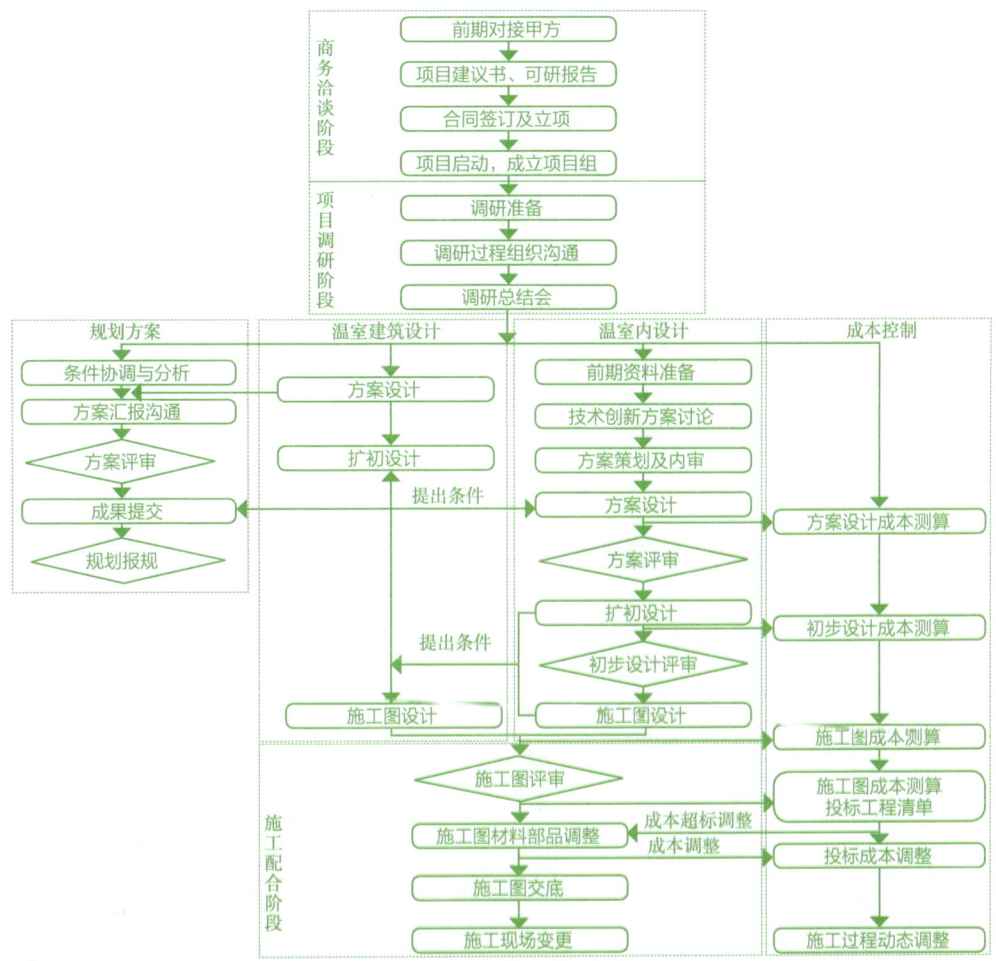

图3-1　现代农业展示温室设计整体流程图

一、商务洽谈阶段

商务洽谈阶段的任务包括明确项目要求、项目基础资料收集、项目选址、项目建议书及可行性研究报告的编写与评审、合同签订及制定项目计划等（图3-2），其中一个重要任务是项目选择。在实际操作过程中，通过构建一套指标体系来指导项目选址，往往可以较快较准地明确地块。北京中农富通园艺有限公司在多年农业展示温室项目实践中总结出了一套生产依托型温室及高科技农业温室项目选址的指标体系（表3-1、表3-2）。一般情况下，得分较高的地块更适于所对应项目的建设。

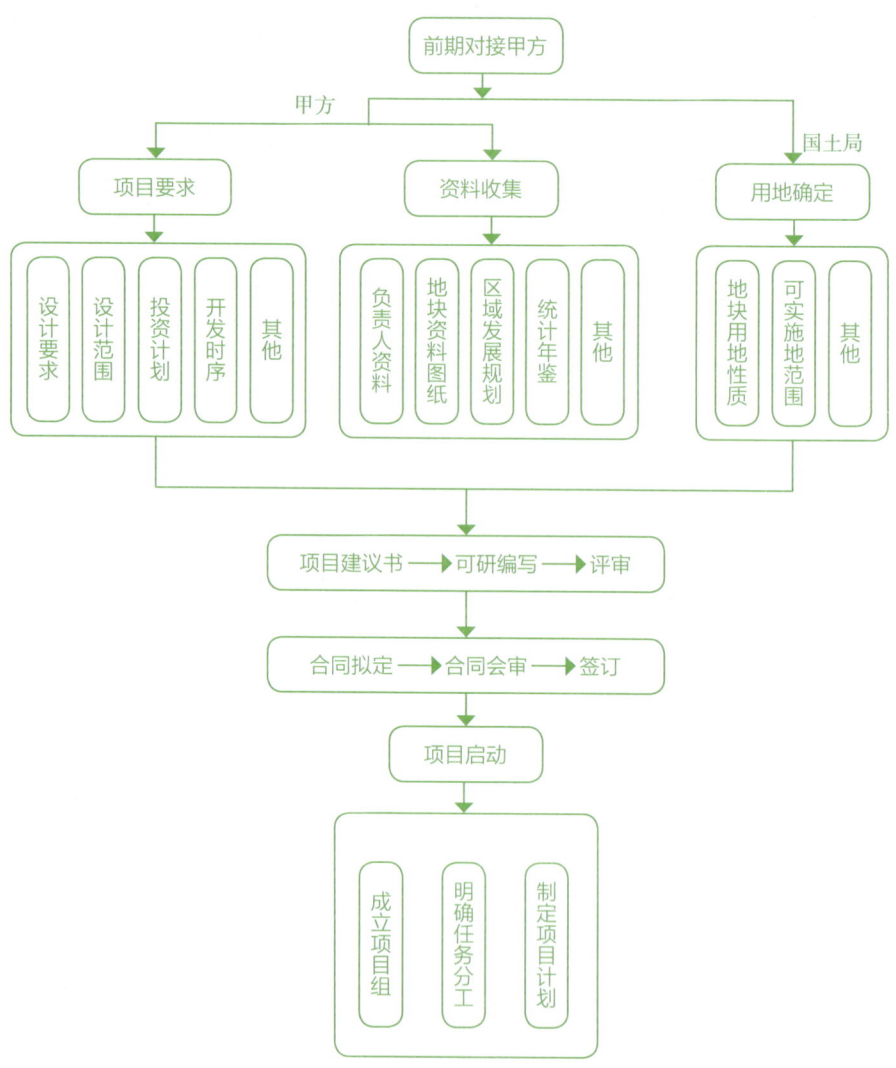

图3-2　商务洽谈阶段任务及流程图解

二、项目调研阶段

项目调研阶段的主要步骤包括调研前的准备工作、调研过程的组织与沟通和调研总结三步（图3-3）。其中调研前的准备工作是后续项目顺利开展的基础，需要做好详尽的计划。

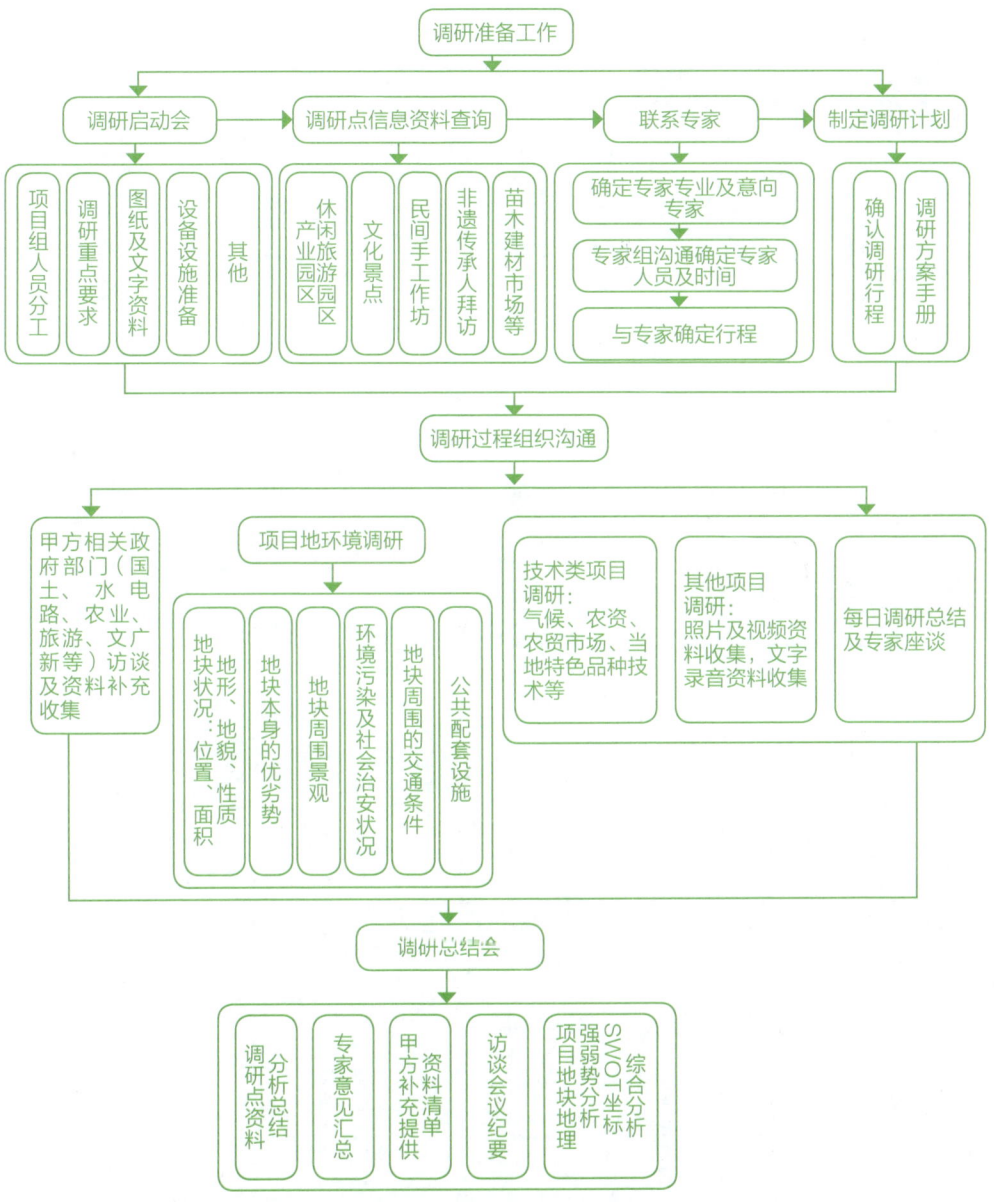

图3-3　项目调研阶段任务及流程图解

表3-1　生产依托型农业展示温室项目地块选址指标体系

主要指标	评价标准	最高分值	1号得分	2号得分	3号得分	其他得分
1. 上位规划		5				
1.1 上位产业规划要求	有相关规划的得3分；无相关规划的得0分	3				
1.2 按照规划建设程度	尚未建设的得2分；正在或已经建设的得0分	2				
2. 区位优势		15				
2.1 距离大中城市	≤30km得5分；＞30km且≤50km得3分；＞50km且≤100km得2分；＞100km且200km以内得1分；＞200km得0分	5				
2.2 距离高速公路口	≤5km得5分；＞5km且≤10km得2分；＞10km得0分	5				
2.3 距离农产品物流集散基地	≤5km得5分；＞5km且≤10km得3分；＞10km且≤20km得2分；＞20km且≤30km得1分；＞30km范围得0分	5				
3. 土地可利用性		20				
3.1 地块土地性质	荒地、坡地得5分；一般农田得3分；基本农田得0分	5				
3.2 土地流转成本	每亩≤500元得4分；每亩＞500元且≤1000元得3分；每亩＞1000元且≤1500元得2分；每亩＞1500元且≤2000元得1分；每亩＞2000元得0分	4				
3.3 土地拆迁成本	地上无须拆迁的得3分；有地上附着物需要拆迁的得0分	3				
3.4 土地调规难度	容易调整为一般农田以下的得3分；不能调整为一般农田以下的得0分	3				
3.5 地块规模连片程度	地块集中连片且规模符合用地整体需求得5分；地块较为分散，但规模较大，基本满足点状使用要求得3分；地块很分散，无法满足使用要求得0分	5				

序号	项目	评分标准	分值
4.	场地自然条件		20
4.1	光照条件	场地阳光充足，光照无遮挡得5分；有树木或其他遮挡得0分	5
4.2	风条件	无风或风速小，不影响温室得5分；处于山口或风口，风速大，对温室有较大影响得0分	5
4.3	水文地质条件	地下水位满足用地要求得5分；不满足得0分	5
4.4	土壤土质条件	土壤土质承压符合要求得5分；不符合得0分	5
5.	场地周边环境		30
5.1	道路	距离主要干道＜1km得3分；＞1km且≤3km得2分；＞3km且≤5km得1分；＞5km得0分	3
5.2	工厂、矿山等粉尘排放源	无粉尘污染影响得5分；粉尘排放严重得0分	5
5.3	污染源	10km以内无污染源得5分；有污染源得0分	5
5.4	热源	3km范围内有热源得5分；无热源得0分	5
5.5	水源	3km范围内有水源得5分；无水源得0分	5
5.6	电源	10km范围内有电源得5分；无电源得0分	5
5.7	村庄、镇域	5km范围内有居民区得2分；无居民区得0分	2
6.	投资方意愿	非常希望投资开发的得5分，投资开发意愿一般的得3分，不希望投资开发的得0分	5
7.	产业辐射影响	产业辐射＞10000亩得5分，＞5000亩且≤10000亩得3分，＞3000亩且≤5000亩得1分，≤3000亩得0分	5
综合评价			100

表3-2 高科技农业展示温室项目地块选址指标体系

考察项目		评价标准	最高分值	1号得分	2号得分	3号得分	其他得分
1. 土地产权明晰			10				
1.1	土地流转主体	土地流转主体≤5家得3分，6~8家得2分，9~12家得1分，>12家不得分	3				
1.2	经营主体	暂没有经营主体在经营得2分，已有经营主体在经营得0分	2				
1.3	地上已建项目	地上未有建设项目得5分，已建项目密度≤30%得2分，已建项目密度>30%且≤50%得1分，已建项目>50%得0分	5				
2. 土地可利用性			10				
2.1	现有土地性质	基本农田占比≤25%得4分，基本农田占比>25%且≤50%得2分，基本农田占比>50%且≤75%得1分，>75%得0分	4				
2.2	土地流转成本	预期每亩>2200元不得分，每亩>1800元且≤2200元得1分，每亩>1500元且≤1800元得2分，每亩≤1500元得3分	3				
2.3	土地拆迁成本	有村庄或建筑，须地等需要拆迁的得0分，无须拆迁的得1分，有基建需要施工的得0.5分	1				
2.4	土地调规难度	容易调整为一般农田以下的得2分，很难调整为一般农田的得1分，没有可能调整为一般农田的得0分	2				
3. 区位优势			10				
3.1	距市区	≤5km得3分，>5km且≤8km得2分，>8km且≤10km得1分，>10km得0分	3				
3.2	距高速路口	≤5km得3分，>5km且≤10km得2分，>10km得0分	3				
3.3	距高铁站	≤5km得2分，>5km且≤12km得1分，>12km得0分	2				
3.4	距机场	≤5km得2分，>5km且≤10km得1分，>10km得0分	2				
4. 地块面积与完整度			10				
4.1	核心区面积	整块连片>1000亩得4分，>800亩且≤1000亩得3分，>500亩且≤800亩得2分，≤500亩得0分	4				
4.2	项目区面积	产业辐射>8000亩得3分，>6000亩且≤8000亩得3分，>3000亩且≤6000亩得2分，>3000亩且≤6000亩得1分，≤3000亩得0分	3				

序号	项目	评分标准	分值
4.3	项目区地块分散度	项目区地块无山梁阻隔、基本为整块的得3分，有山梁阻隔且达到2块的得2分，超过2块得0分	3
5.	道路交通设施		6
5.1	现有道路宽度及平整度	道路硬化且路面宽度达到6m得3分，道路硬化且路面宽度达5m得2分，道路硬化但宽度不足5m得1分	3
5.2	3年内有拓宽升级规划	年内有拓宽改造计划的得3分，2年内有拓宽改造计划的得2分，3年内有拓宽改造计划的得1分	3
6.	电力基础设施		4
6.1	距城镇或工业区变电站距离	距离城镇或工业区变电站≤5公里的得1分，>5公里的得0分	1
6.2	距供电设施及高压线距离	2km内有高压线的得3分，≥2km且<3km内有高压线的得2分，≥3km内无高压线的得0分	3
7.	水、暖、气、通信设施		4
7.1	供水管道铺设	铺设供水管道的得1分，未铺设得0分	1
7.2	供暖管道铺设	铺设供暖管道的得1分，未铺设得0分	1
7.3	供气管道铺设	铺设供气管道的得1分，未铺设得0分	1
7.4	通信设施铺设	网络通信设施覆盖较好的得1分，网络通信设施尚未覆盖的得0分	1
8.	场地自然条件因素		4
8.1	光照条件	场地阳光充足，光照无遮挡得1分；有树木或其他遮挡得0分	1
8.2	风条件	无风或风速小，不影响温室得1分；处于山口或风口，风速大，对温室有较大影响得0分	1
8.3	水文地质条件	地下水位满足用地要求1分；不满足得0分	1
8.4	土壤土质条件	土壤土质承压符合要求1分；不符合得0分	1
9.	场地周环境影响		10
9.1	是否有河流水面	500m内有河流、水库得3分；≥500m且<1000m内有河流、水库得2分；≥1km且<3km内有河流、水库得1分，≥3km内有河流、水库得0分	3

续表

考察项目	评价标准	最高分值	1号得分	2号得分	3号得分	其他得分
9.3 是否有高架桥影响美观	高架桥沿边侧穿过的2分，无高架桥的1分，高架桥从园区中部穿过的0分	2				
9.4 附近是否有污染源	周边10km范围内无工业或污染企业的2分，有污染企业的0分	2				
10. 周边村庄及农民数量（新农村建设发展影响）		7				
10.1 距离周边村庄距离	5km以内有村庄，且距离项目≥500m得3分；≥5km且＜10km内有村庄得2分；≥10km且＜20km内有村庄得1分；≥20km内无村庄的0分	3				
10.2 周边村庄数量	500m～10km以内村庄数量多于5个得2分，10km以内村庄数量多于5个得1分；15km以内少于10个得0分	2				
10.3 周边村庄规模	周边村庄3km范围内村庄平均人口＞500人的得2分，平均人口＞300人且≤500人的得1分，≤300人的0分	2				
11. 周边可联合资源		12				
11.1 距离名人故里距离	＜10km得1分，≥10km得0分	3				
11.2 距文化艺术节举办地距离	＜3km得3分，≥3km且＜5km得2分，≥5km且＜8km得1分，≥8km得0分	3				
11.3 距自然文化遗产距离	＜3km得3分，≥3km且＜7km得2分，≥7km且＜15km得1分，≥15km得0分	3				
11.4 距休闲旅游区距离	＜5km得3分，≥5km且＜8km得2分，≥8km且＜10km得1分，≥10km得0分	3				
12. 上位规划		8				
12.1 上位产业、用地、旅游等相关规划	3~5年内已有相关规划的3分；无相关规划的0分	3				
12.2 根据相关规划进行建设情况	县域内尚未有同类项目建设得5分；县域内有1个类似项目建设得2分；已有两个以上类似项目建设的0分	5				
13. 投资方意愿	非常希望投资开发的得5分，投资开发意愿一般的得3分，不希望投资开发的0分	5				
综合评价		100				

三、整体规划阶段

整体规划阶段的任务包括对调研资料进行详尽分析，并进行整体方案的策划和规划，以方案和图纸的形式将成果向甲方汇报并提交（图3-4）。

不同类型展示温室在整体规划阶段的分析方法和规划原则不尽相同。例如，生产型展示温室以集约化、规模化的高效生产栽培为主要功能，其建设和发展需要进行市场调研和分析，找准产品定位。针对我国生产依托型展示温室项目的特点，总结了该类项目策划的技术路线，如图3-5所示。

高科技农业展示温室是温室功能在生产基础上进行创新和拓展的类别，其规划思路与生产型展示温室不同。这类项目需要依托新科技、新模式、新创意、新品种、新工艺等创新要素，来激活乡村农业、农村、农民；其目标是要盘活地区农业产业资源、乡村文化资源，提升乡镇企业、园区的发展活力，促进现有资产增值，从而实现地区聚人

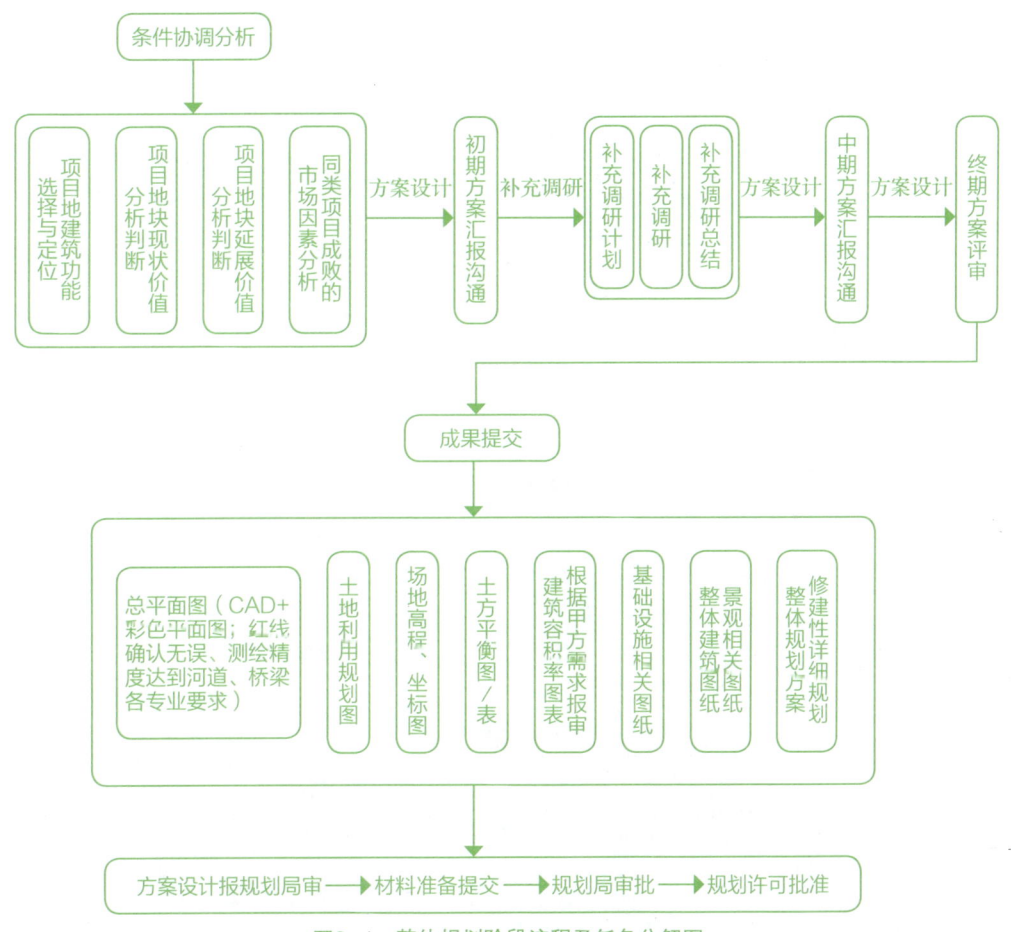

图3-4 整体规划阶段流程及任务分解图

气、聚财气、提活力、创品牌、增效益、树典范的目标，并带动当地农业早日迈入现代化，引领当地农业产业全面发展，打造区域标志性顶尖项目。

高科技农业展示温室作为一种多功能复合的创新载体，其建设和发展需要统筹规划、策划与设计。针对我国农业观光型展示温室的项目特点，初步构思了该类项目策划实施技术路线，如图3-6、图3-7、图3-8所示。

（1）因地制宜分析、评估项目基础环境，确定项目发展需求、目标与功能，初步理清项目策划重点方向。

（2）根据对发展基础的评估，提炼设计要点，提取核心设计要素，立足核心功能，确定温室建设主题。

（3）基于功能与主题，立足空间，进行空间布局设计、创意内容策划。

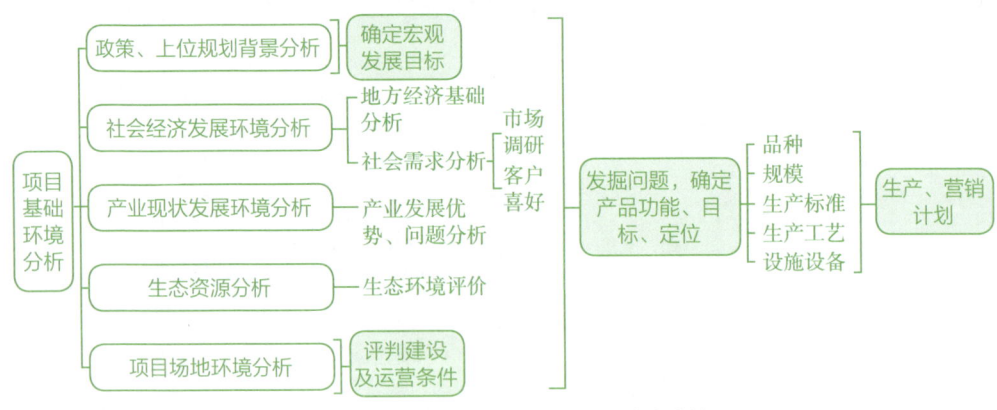

图3-5　生产依托型温室项目策划技术路线

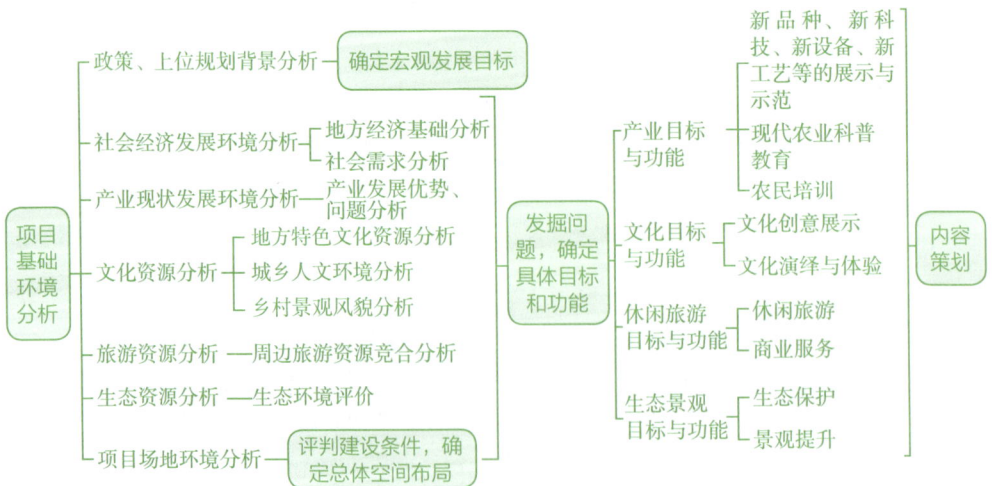

图3-6　高科技农业展示温室策划技术路线（一）

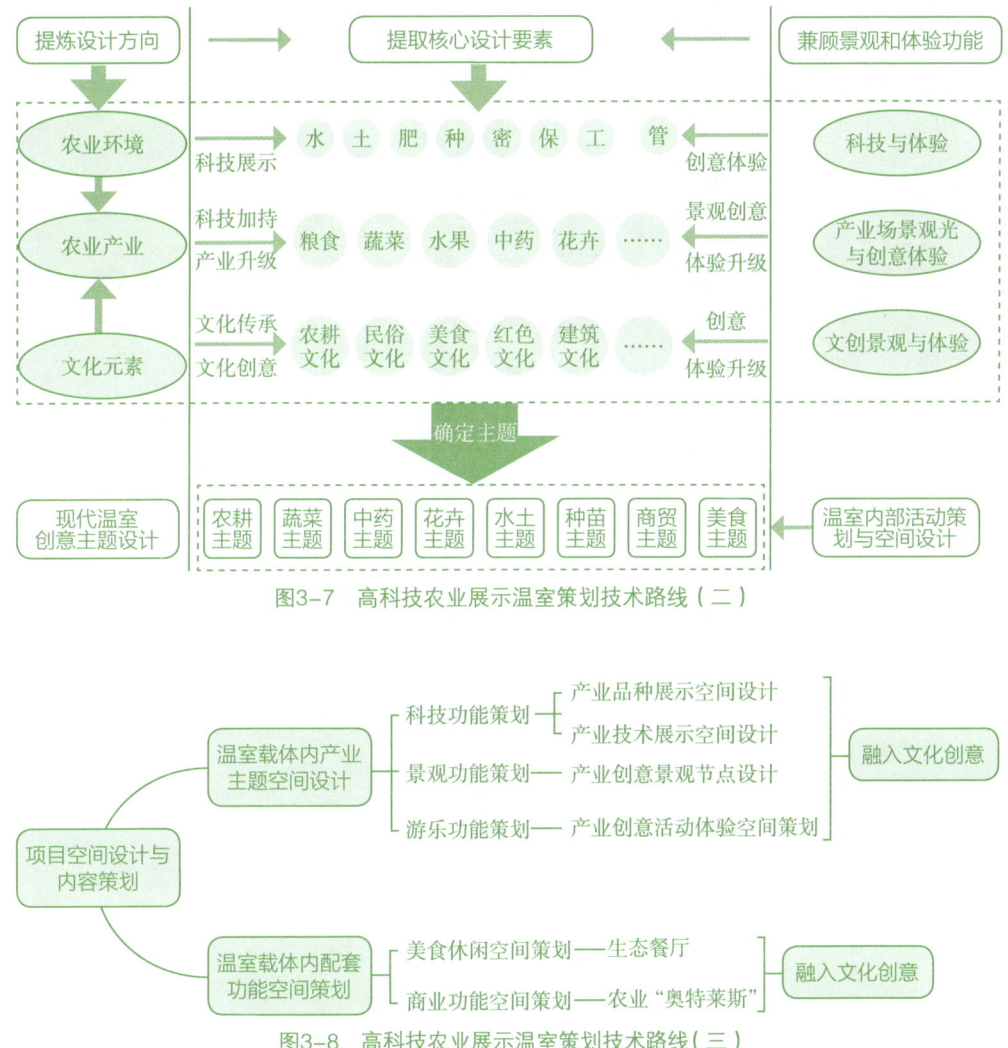

图3-7　高科技农业展示温室策划技术路线（二）

图3-8　高科技农业展示温室策划技术路线（三）

四、详细设计阶段

详细设计阶段又包含五个子阶段：建筑工程初步设计及景观策划阶段（图3-9）、建筑工程扩初设计及景观方案设计阶段（图3-10）、建筑工程施工图设计及景观扩初设计阶段（图3-11）、景观施工图设计阶段（图3-12）、展陈标识系统设计阶段（图3-13）。几个子阶段之间没有明显的界限，存在许多交叉设计过程以及大量的沟通协调工作，因此这一阶段的设计管理显得尤为重要。

设计过程是项目实施阶段的重要环节，项目管理的"三控三管一协调"六大基本职能也贯穿于整个设计过程的始终，成为设计阶段项目管理的核心任务。此外，设计过程自身的独特性，决定了设计阶段六大基本项目管理职能的特殊性。与实现其他阶段的项目管理职能不同，设计过程具有一套特殊的管理措施和方法。

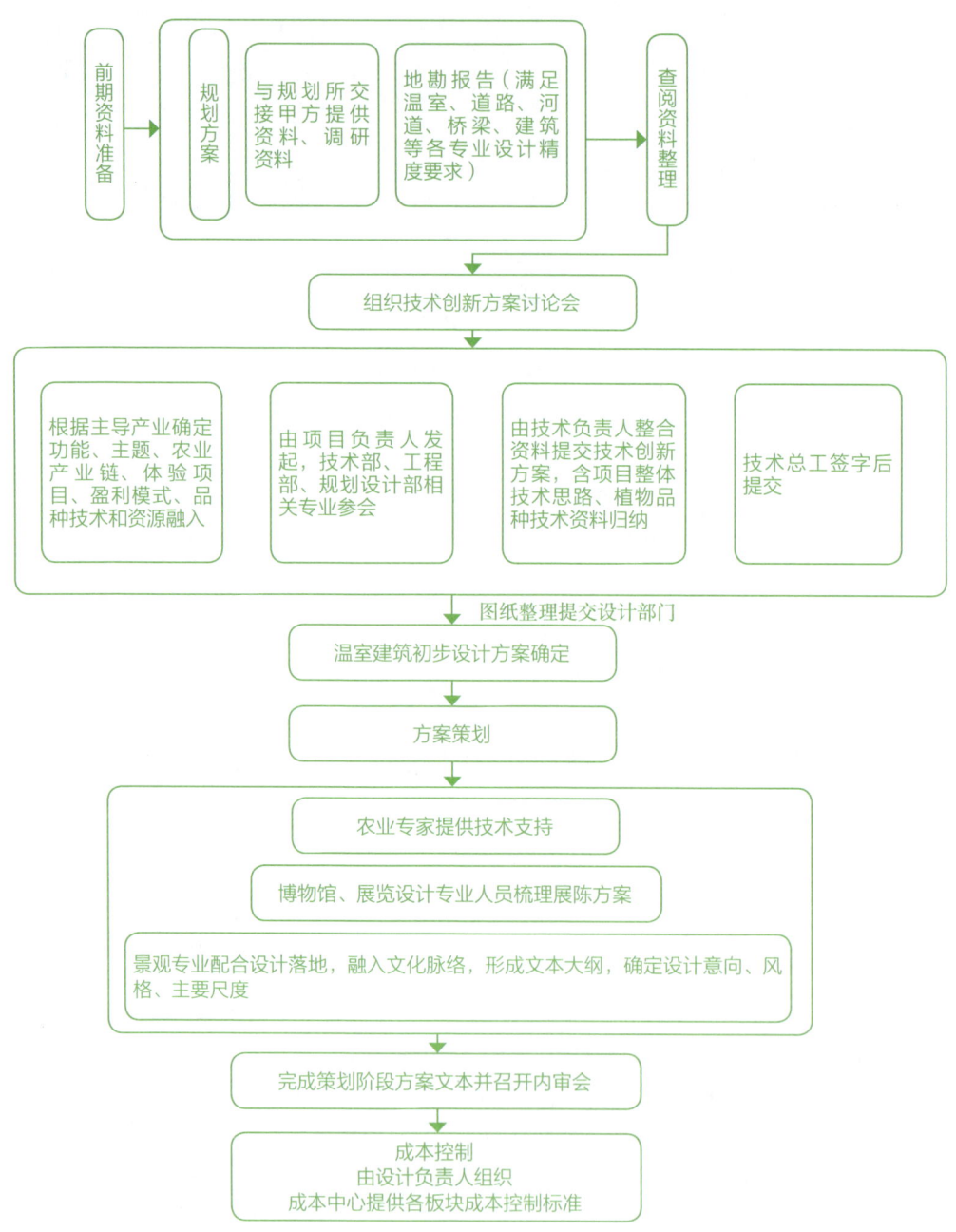

图3-9　建筑工程初步设计及景观策划阶段流程及任务分解图

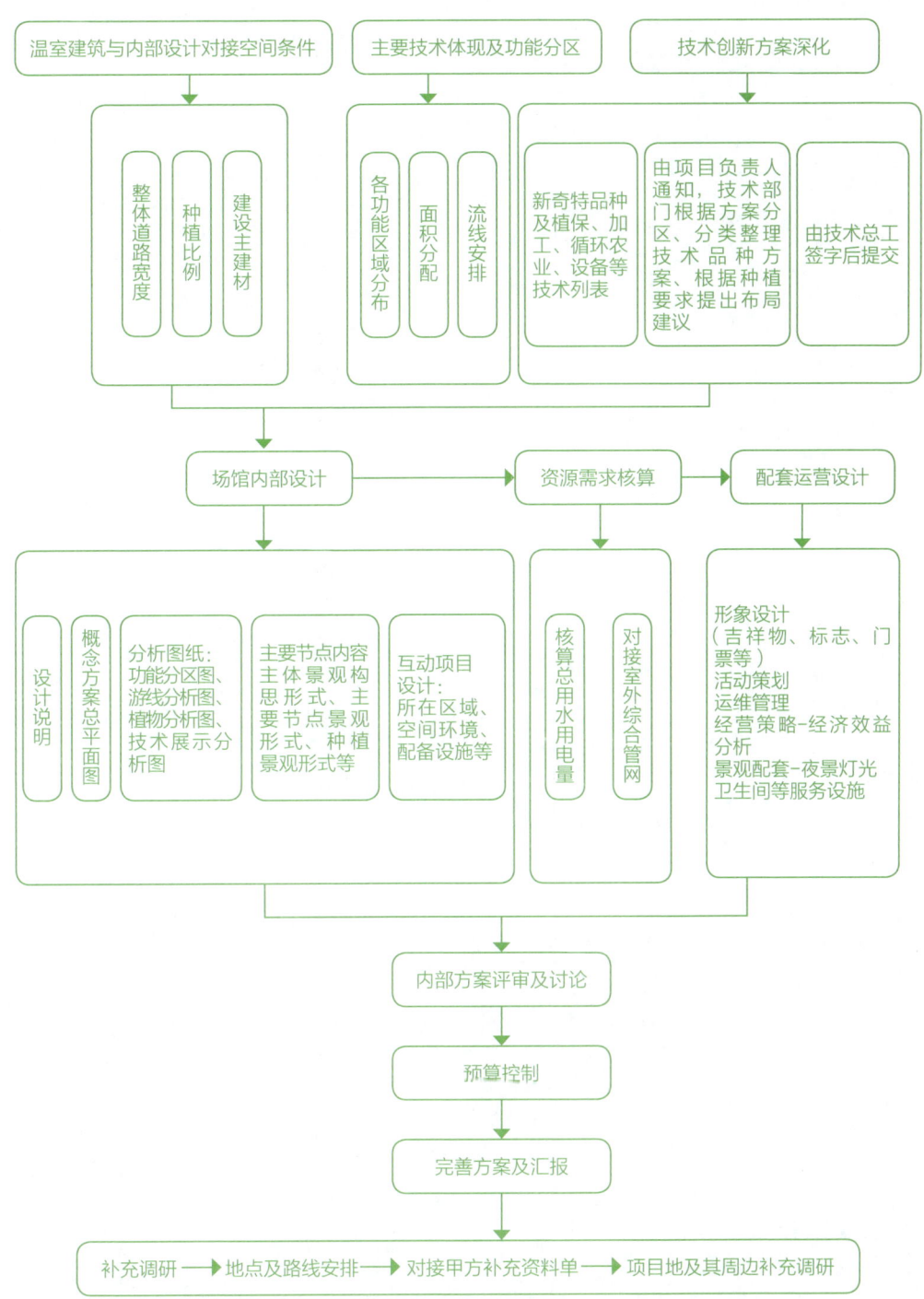

图3-10 建筑工程扩初设计及景观方案设计阶段流程及任务分解图

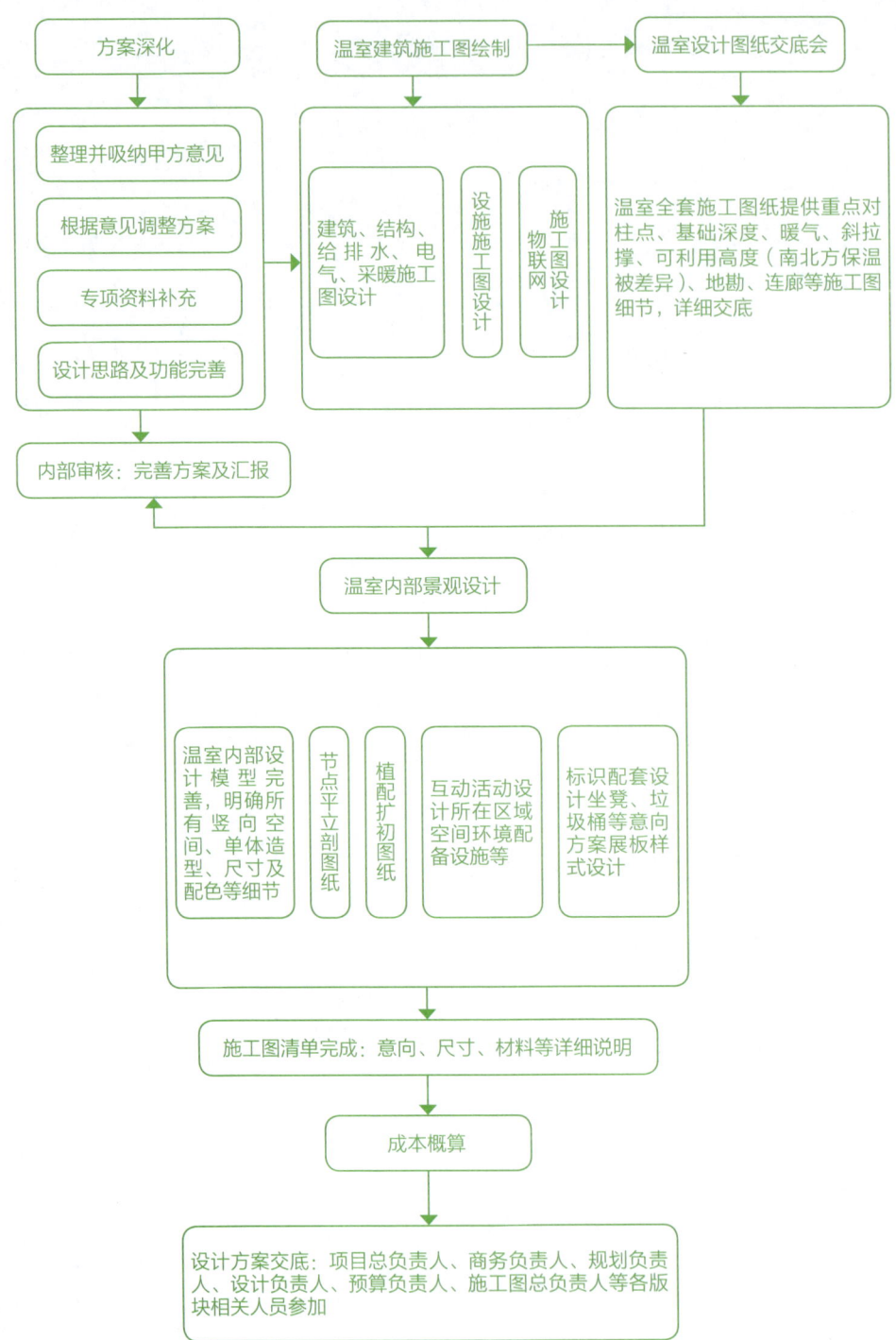

图3-11 建筑工程施工图设计及景观扩初设计阶段流程及任务分解图

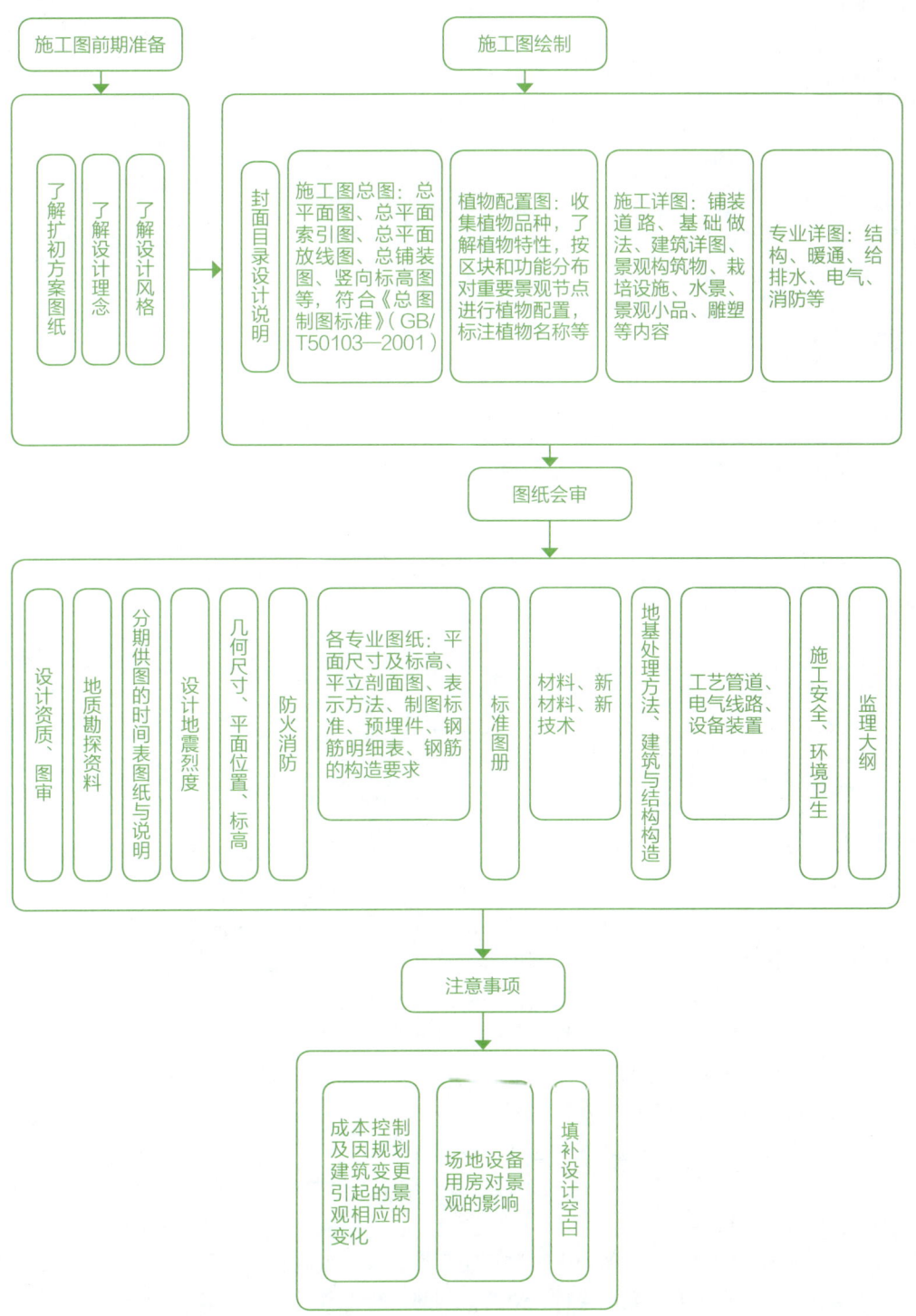

图3-12 景观施工图设计阶段流程及任务分解图

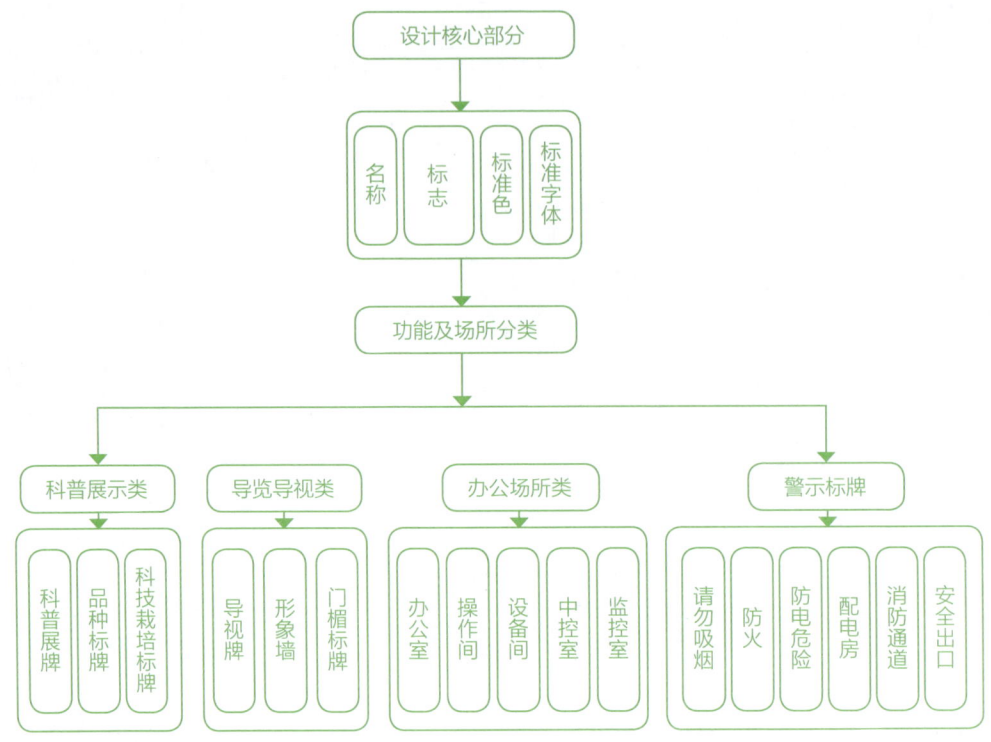

图3-13 展陈标识系统设计阶段流程及任务分解图

(一)设计合同管理

设计阶段签订的任何合同,都与项目的投资、进度和质量有关,因此,项目管理中应该充分重视合同管理。设计阶段合同管理的任务主要包括以下方面:

(1)分析、论证项目实施的特点及环境,编制项目合同管理的初步规划。

(2)分析项目实施的风险,编制项目风险管理的初步方案。

(3)从合同管理的角度为设计文件的编制提出建议。

(4)根据方案竞赛的结果,提出并确定设计合同的结构。

(5)选择标准合同文本,起草设计合同及特殊条款,进行设计合同的谈判、签订。

(6)从目标控制的角度分析设计合同的条款,分析合同执行过程中可能出现的风险以及如何进行风险转移,制定设计合同管理方案。

(7)进行设计合同执行期间的跟踪管理,包括合同执行情况检查,以及合同的修改、签订补充协议等事宜。

(8)分析可能发生索赔的原因,制定防范性对策,编制索赔管理初步方案,以减少索赔事件的发生;如发生索赔事件,对合同纠纷进行处理。

(9)编制设计合同管理的各种报告和报表。

设计阶段合同管理的任务还可以按照设计阶段的划分来进一步分解，分别分解归类到方案设计阶段、初步设计阶段（或扩初设计阶段）和施工图设计阶段。

（二）设计目标控制

1. 设计阶段投资控制

建设项目投资控制的目标是使项目的实际总投资不超过项目的计划总投资。建设项目投资控制贯穿于建设项目管理的全过程，即从项目立项决策直至工程竣工验收，在项目进展的全过程中，以循环控制的理论为指导，进行计划值和实际值的比较，发现偏离及时采取纠偏措施。

2. 设计阶段进度控制

设计阶段进度控制的方法仍是规划、控制和协调。规划是指编制、确定项目设计阶段总进度规划和分进度目标；控制是指在设计阶段，以控制循环理论为指导，进行计划进度与实际进度的比较，发现偏差，及时采取纠偏措施；协调是指协调参加单位之间的进度关系。

对于进度控制工作，应明确一个基本思想：计划的不变是相对的，变是绝对的；平衡是相对的，不平衡是绝对的，为了针对变化采取措施，要利用计算机作为工具，定期、经常地调整进度计划。

3. 设计阶段质量控制

设计质量目标分为直接效用质量目标和间接效用质量目标两方面，这两种目标表现在建设项目中都是设计质量的体现。直接效用质量目标和间接效用质量目标及其表现形式共同构成了设计质量目标体系，如图3-14所示。

设计阶段质量控制与投资控制、进度控制一样，也应该进行动态控制。通常是通过事前控制和设计阶段成果优化来实现的。其最重要的方法就是在各个设计阶段前编制一份好的设计要求文件，分阶段提交给设计单位，明确各阶段设计要求和内容，在各阶段设计过程中和结束后及时对设计提出修改意见，或对设计进行确认。

（三）设计协调

（1）设计协调的内涵和内容包括设计内部各专业间的协调；主设计方与其他参与方的协调；设计方与施工方的协调；设计方与材料设备供应方的协调。

（2）设计协调的工作任务　编制和及时调整设计进度计划；督促各工种人员参加相关设计协调会和施工协调会；及时进行设计修改，满足施工要求；协助和参与材料、设备采购以及施工招标；如有必要，出综合管线彩色安装图，确保各专业工种的协调；如有必要，进行现场设计，及时提供施工所需图纸；如有必要，成立工地工作组，及时解决施工中出现的问题。

（3）设计协调的方法　设计协调会议制度、项目管理函件、设计报告制度。

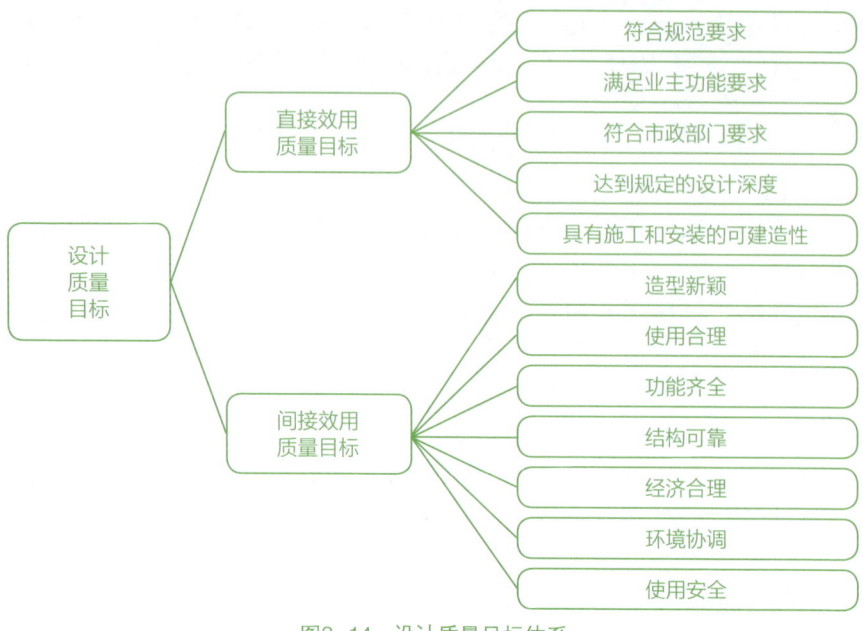

图3-14 设计质量目标体系

（四）信息管理

（1）设计阶段信息管理的主要任务　建立设计阶段工程信息的编码体系；建立设计阶段信息管理制度，并控制其执行；进行设计阶段各类工程信息的收集、分类归档和整理；运用计算机作为项目信息管理的手段，随时向业主方提供有关项目管理的各类信息，并提供各类报表和报告等。

（2）设计文件的分类与编码　建立设计阶段信息编码体系，对项目设计阶段的信息进行分类和管理，是进行有效信息管理的基础。

五、施工配合阶段

施工配合阶段的任务主要为设计交底以及配合处理现场变更和景观效果把控事宜（图3-15）。

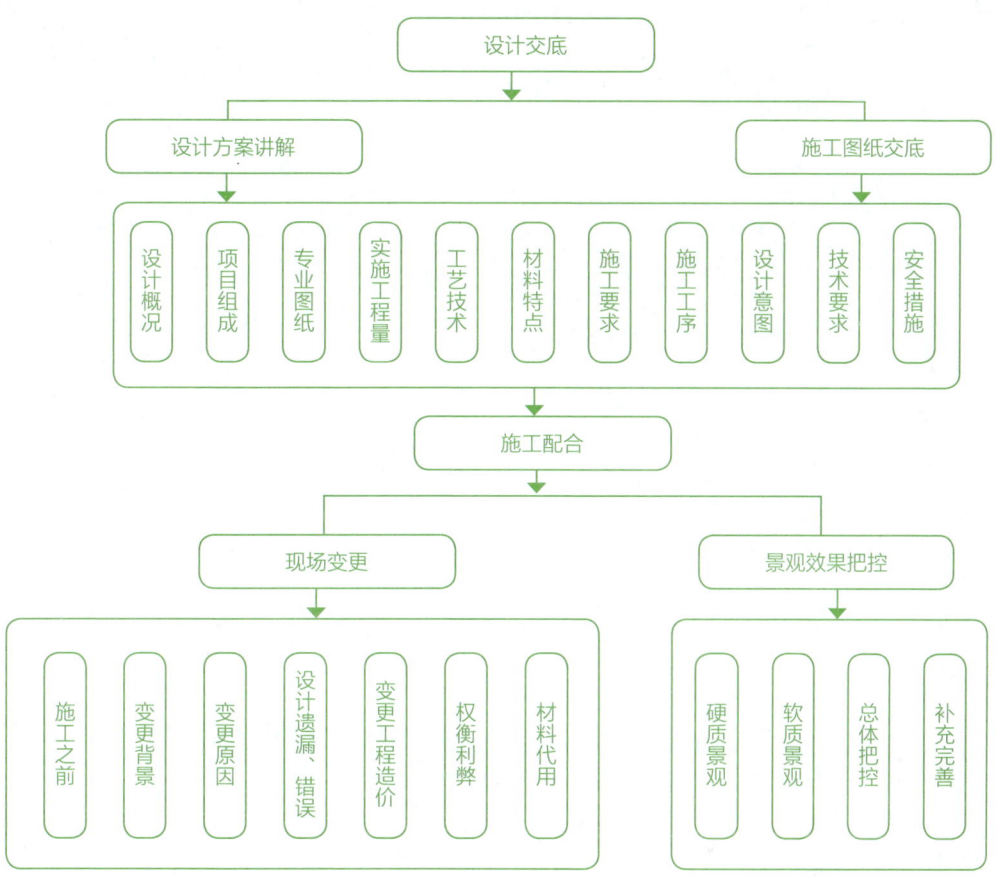

图3-15 施工配合阶段流程及任务分解图

第四章

现代农业展示温室建筑工程设计

我国现代农业展示温室的类型从温室形态上分为几何型（标准型）、造型型（自然型或仿生型）。几何型温室也称标准型温室，是指温室形态为较简单的几何体组合形成，大多为轻钢结构的矩形温室，其中荷兰文络型温室较为常见。这种展示温室一般为标准化生产温室和农业科技展示温室，如国内早期建成的上海孙桥现代农业开发园温室、山东寿光蔬菜高科技示范园温室、珠海农科中心温室、南宫地热博览园温室公园、北京农业嘉年华温室及中农富通建设的农业嘉年华项目温室等。

造型型温室也称自然型或仿生型温室，是指温室建筑的外形和内部结构为配合特殊景观营造或以某种动植物或自然形体为依据而进行了特殊设计。穹顶集成式温室也属于这一类型，大多是利用三角交叉式或结合六角加固式复合成的温室结构骨架。这类展示温室一般为大型温室公园，外形独特易引起游客观赏兴趣，近年较为流行。如国内北京花卉大观园主温室、烟台农博园热带果树展示温室、珠海农科奇观花卉园温室、北京植物园"万生苑"温室、上海辰山植物园展览温室等；国外有日本1986年国际兰花博览会的圆顶空气层建筑、冲绳海洋博览会的空中菜园建筑、新加坡滨海湾花园冷室、位于英国西南部的伊甸园温室公园，其外形的灵感来源于蜜蜂的蜂巢和苍蝇的复眼。

由于标准型温室目前在我国建造范围较广，具有普遍适用性，本章将就其建筑及配套设施的设计进行相关阐述。

第一节
现代农业展示温室建筑工程设计的基本要求

标准型现代农业展示温室的建筑类型一般包括日光温室、连栋拱棚温室、玻璃连栋温室、新型异形温室等。其中日光温室、连栋拱棚温室由于空间限制多用于展示优良品种、先进的设施设备、种植模式等；大型玻璃连栋温室内部空间开阔且外形美观，适用于内部造景，且具备生产功能，因此在农业嘉年华、大型农业展览活动中多使用大型连栋温室作为主题场馆，其中，文络型温室是用钢量较小、结构性能稳定性较好的一种最常用的连栋温室结构形式。

一、生产功能对温室的要求

先进的生产技术与生产工艺需要通过一定的建筑结构、环境调控设施等硬件作为载体，并与优良的品种、科学的种植管理技术相结合。首先利用透光围护结构将种植空间与外界环境隔离开来，形成一个相对封闭的系统。这是区别于露地栽培达到改善和创造作物生长优良环境的先决条件。而环境工程则是在一定建筑设施的基础上，通过对半封闭系统的物质交换和能量调节来进一步改善和创造更佳的生长环境。二者相互制约、相辅相成。环境工程设施在设计、建造及运行管理时须符合以下原则和基本要求。

（一）安全可靠

在一定的设计使用年限和设计标准条件下，保证建筑结构和环境工程设施运行的安全性和可靠性。

（二）经济适用

一次投资和运行费用较低；节约土地、能源、人力等资源；便于机械化、自动化作业；能充分满足作物无土栽培管理要求。

（三）保护环境

环境问题是人类生存和经济、社会发展的基础。建筑与环境工程设施应便于栽培环境废弃物的处理和再利用，避免环境污染与公害，保证无土栽培设施的可持续发展。

二、展示功能对温室的要求

温室作为观光旅游的公共场所，除具备传统温室的特点外，还要具备展示空间的基本特征。在温室安全方面有较高要求。与温室安全相关的主要有六方面因素：抗雪能力、抗风能力、抗暴雨能力、防火要求、温室结构和温室基础。

（一）抗雪能力

温室的抗雪能力是指在厚积雪的情况下不被压倒的能力。温室雪荷载取值有一个重现期的问题，种植温室建筑取30年为一重现期，公众温室按50年取值。要特别注意漂移积雪的荷载计算，它是指有高低错落的建筑，当有积雪时应适当加大高低连接处抗雪能力的设计，提高钢结构的用材标准，保证安全。

（二）抗风能力

温室风荷载取值，选取温室所在地的风荷载取值，根据一般温室的使用寿命在25~30年，算出温室的设计风荷载取值为30年为一重现期。人流密集的地方，如生态餐厅等具有商务功能的温室，应提高重现期的取值，按50年计算，这样虽然提高了建造成本，但安全有了保障。

（三）抗暴雨能力

抗暴雨能力指遇到暴雨的时候，能通畅排水的能力。温室屋面排水能力的设计是依据温室建筑当地的降雨强度等气象资料，按5年一遇进行屋面排水槽大小与坡度的设计。

（四）防火要求

温室内要设计独立的灭火水源，要有足够合理的疏散通道，室内如遮阳网、防虫网和电缆线等多种易燃物品一旦着火，很难控制，所以最好使用防火遮阳网。对于距离居民区较近的温室，最好不用遮阳网，因为春节前后放鞭炮易引起火灾。

（五）温室结构

温室构建的组成是用来抵抗竖向或横向作用力的平面或空间体系，通常是指温室的承重体系（如门架等）、维护体系（覆盖材料和镶构件等）和与这些直接相关的配套体系（开窗、拉幕机构等），而温室结构最基础的是承重体系，它的设计一般需要专业设计软件辅助才能进行。好的温室结构能节省材料、降低建造成本，又能有效地抵抗各种荷载。

（六）温室基础

温室基础是指温室上部荷载传向地基的承重结构，其是否合理直接影响到温室结构的使用性能。温室基础设施的内容包括确定基础材料、基础类型、基础埋深、基础底面尺寸等。进行基础设计的前提是首先要知道承受的荷载类型及大小，准确掌握地基持力层的位置、地下水位的高低和地内力的大小，以及地下水对建筑的腐蚀性。温室基础设施另一个重要的因素是当地冻土层的深度。

第二节 现代农业展示温室建筑工程设计的内容

现代农业展示温室的功能决定其建筑设计既能够对其内部环境要素实现综合控制，满足植物（作物）生长发育的要求，又能满足游客在其中观光旅游的舒适性要求。现代农业展示温室设计的内容包括建筑设计、结构设计、配套设施设计、其他设施设计。其中建筑设计、结构设计依温室类型而定，配套设施则在不同类型温室中有共通之处。由于现代农业展示温室类型多为连栋温室，而目前采用的连栋温室大多为轻钢结构的文络型连栋温室，是世界上覆盖硬质材料的温室中使用量最大的结构形式，在我国也已经成为玻璃温室和聚碳酸酯（PC）板温室的首选结构，本节内容着重介绍连栋温室的设计内容。

一、建筑设计

现代农业展示温室的建筑设计需遵守国家规范、标准及条例，具体包括：NY/T 2970—2016《连栋温室建设标准》、NY/T 1145—2016《温室地基基础设计、施工与验收技术规范》、GB50015—2003《建筑给水排水设计规范》（2009版）、GB50300—2013《建筑工程施工质量验收统一标准》、GB50015—2003《温室工程质量验收质量通则》（2009版）、GB50011—2010《建筑抗震设计规范》（2016年版）、JGJ8—2016《建筑变形测量规程》、JGJ79—2012《地基处理技术规范》、GB50025—2004《湿陷性黄土地区建筑规范》等。现代农业展示温室属于丁类设防建筑[①]。

连栋温室建筑设计内容包括外观、模数、规模、土建等。其中连栋温室的外形主要因屋顶形状而呈现不同的外观。例如，以文络型（图4-1）为代表的连续规律三角尖顶、仿拱棚的连续拱顶、特殊需求的特异型屋顶（齿形等）具有各自明显的特征；屋顶形状确定后再根据单体跨度和开间的设计模数连续排列成连栋。温室覆盖材料一般采用透光性较强、隔热较好、防紫外线、防结露的聚碳酸酯中空板（PC阳光板）、双层浮法玻璃或钢化玻璃等，配套专用铝型材，具有采光好、保温、经济耐用等优点。也可以根据项目所在地区气候条件的差异和具体设计要求采用不同的材料覆盖。大型连栋温室的高度一般不低于5m，不高于12m。此外，根据南北方气候差异，连栋温室墙体厚度和高度会有所调整。北方由于冬季寒冷，墙体一般为三七墙，高度设置为1m，立柱四周设置圆翼型散热器用于采暖。

与荷兰文络型连栋温室比较，我国的日光温室空间较小，且由于其后挡土保温墙

图4-1 荷兰文络型连栋温室效果图

---

① 建筑根据生产易燃性及火灾荷载，按火灾危险性分为甲、乙、丙、丁、戊五类。——编者注

图4-2 大庆市砖木结构日光温室

的设计无法设置为连栋（图4-2）。在我国炎夏寒冬的气候特征下，日光温室的生产功能相较于文洛型温室更能得到体现。其宽度一般在10m左右，高度3m左右，长度可达几十米甚至百米。前坡面一般覆盖透光度较高的塑料膜（如PE膜等），在靠近地面处及拱顶设置卷膜开窗与防虫网，保证夏季通风；拱顶设置保温被卷帘机，用于冬季夜间保温。后侧设置梯形挡土保温墙，用于隔热保温。与文络型温室比较，日光温室内部空间比较狭窄，不能设置大量景观，因此其展示功能多体现于栽培技术、设施设备以及特色品种。

二、结构设计

经过多年研究和发展，目前连栋温室结构类型丰富多样（图4-3）。文络型连栋温室的主体骨架采用三屋脊热镀锌钢制结构，防腐性能好；主体使用寿命在20年以上，结构设计基准期为50年。结构设计需遵守国家规范、标准及条例，具体包括：GB 50009—2012《建筑结构荷载规范》、GB 20017—2017《钢结构设计规范》、NY/T 1832—2009《温室钢结构安装与验收规范》、GB 50068—2017《建筑结构可靠度设计统一标准》、GB 50009—2017《建筑结构荷载规范》、GB 50010—2015《混凝土结构设计规范》、GB 50003—2011《砌体结构设计规范》、GB 50661—2011《钢结构焊接规范》、GB/T 11981—2008《建筑用轻钢龙骨》、GB/T 50476—2019《混凝土结构耐久性设计规范》、GB/T 706—2008《热轧型钢》、GB/T 19879—2015《建筑结构用钢板》、GB/T 700—2006《碳素结构钢》、GB 5780—2000《六角头螺栓 C级》、GB 5781—2000《六角头螺栓　全

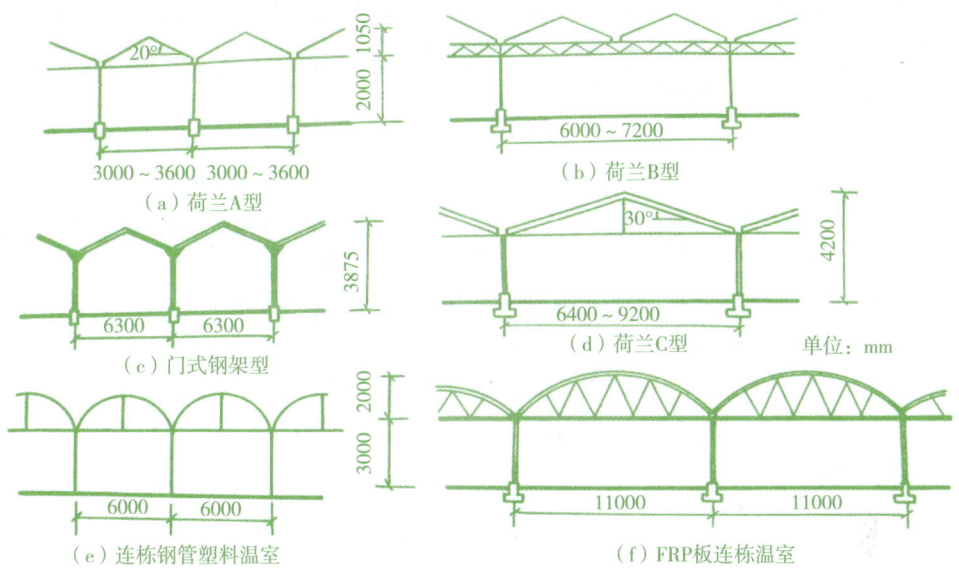

图4-3 连栋温室结构类型示意图

螺纹C级》、GB 5782—2000《六角头螺栓》等。在设计过程中应该随时关注各规范、标准及条例的更新情况，一般按最新公布的要求执行。

现代农业展示温室的设计与温室结构的使用年限要求是密切相关的。不同使用年限的温室结构，其基本风压和基本雪压的取值均应依据现行GB 50009—2001《建筑结构荷载规范》，并进行重现期的修正。这样，温室的设计结果才经济合理。另外，结构的重要性与结构的安全性和结构造价也是密切相关的，合理的取值能使温室得到最大的性价比。目前，国内正在陆续发布各类温室设计和施工标准，从而使设计人员有据可依。按我国自己的温室标准来设计温室，更符合我国国情。

现代玻璃温室，对许多设备在使用时有控制要求。与此相应，结构的适用性问题，特别是结构的挠度和柱顶位移量应有一个严格的容许值规定。在许多情况下，温室的结构较能满足强度要求，但杆件的长细比往往较大，这就增大了结构的挠度和柱顶位移量，影响到许多设备的正常使用。在这种情况下，结构构件的设计应以结构变形量来控制，而不应以结构强度来控制。

温室作为一种特殊的建筑，在满足强度要求和刚度要求的前提下，要求它的构件截面应越小越好，以减少遮光率。而张紧的柔性支撑在温室结构中有很好的应用。

根据温室的使用特点，在设计过程中需要考虑的主要是室内温湿度控制、制造成本、使用寿命等因素。为此，在满足强度、刚度和使用寿命的前提下，整个温室的骨架采用轻型钢结构，屋顶梁采用热镀锌钢管，顶窗框架采用轻型铝合金。中间立柱跨度方向常见间距有8m、9.6m和12m三种，开间方向间距多为4m、5m或8m，一般展示型温室会选用较大的开间设计。常见立柱高度为6m，立柱间安装整体热镀锌的桁架，立柱上方安装有排水天沟及二层集露槽。温室顶部多采用单层玻璃覆盖，立面根据保温需求可选用单层玻璃或双层中空玻璃覆盖。

温室顶部设置有自动开窗系统，窗户开度的大小及方向由环境智能控制系统根据室内温度和湿度，室外风向、风速传感器实时数据来进行控制。温室外部安装有外遮阳系统，内部安装有内遮阳和内保温系统，可根据光照与温度调节需要进行开闭，以满足温室环境需求。此外，为保证夏季降温效果，连栋温室内一般都会安装湿帘风机强制降温系统。温室的一侧安装有特殊材料制成的蜂窝状且透气性良好的湿帘，湿帘由水泵上端供水，下部有接水装置，在温室另一侧安装有低压大流量负压轴流式风机向外抽风，使进入温室的空气必须先经过湿帘实现蒸发降温，配合外遮阳系统，夏天可实现对温室的有效降温。为保证室内冬季温度，在温室内根据项目地实际情况设置采暖装置，配合内保温系统，使能量利用更合理。

三、配套设施设计

植物在整个生活周期中所发生的一切生物化学反应，都必须在一定的温度条件下进行。温度降至某一低温或超过某一高温时，植物将停止生长甚至死亡。维持在某一适温范围内，生长发育最好。温度是植物生长发育极其重要的环境因子。由于地球的自转和公转，造成地表热量在时间和空间上分布的不平衡，形成地表与空气温度在昼夜、季节和地区上的变化，往往不能完全满足植物生长适温的需要。因此，应根据温室设施的温度条件，随时采取必要的保温、加温与降温措施，以充分满足植物的适温要求。温室本身就是控温设施，由于其四周维护结构阻断了热辐射外逸，能形成明显的蓄热升温效果。

但温室覆盖材料热阻较小，通过覆盖材料对流、传导、辐射传出的热量损失要占总散热量的70%左右。通风换气及冷风渗透的热量损失要占20%左右。通过地中传出的热量约占10%以下。北方地区光照充足，白天室内气温可很快升至20～30℃；若不进行保温，夜间室内气温很快会降至接近于室外温度。北方地区大型连栋温室因冬季透光率较低、集热量较小，同时无法采用非常严密的保温措施，必须进行一定的采暖加温，才能维持室内作物生长必要的最低温度。

（一）温室采暖设施

常用的采暖方式有热水采暖、热风采暖与电热采暖、燃气辐射采暖、地中热交换系统（地源热泵采暖）等。

1. 热水采暖

以水作为热媒，经锅炉加热并送至温室，经散热器放热对温室进行加温的方式，称为热水采暖。热水采暖的热稳定性好、温度分布均匀、波动小、生产安全可靠、供热负荷能力大，多在大中型永久性的温室中使用。热水采暖系统一般由管道设备及必要的附件串联和并联组合而成。系统管路由几个串联管段组成时，流经每个管段的流量相等。根据热水在系统中循环流动的动力不同，热水采暖系统可分为自然循环与机械循环两种。

自然循环热水采暖系统的作用压力P，应大于系统管路总阻力损失ΔP，并留有15%~20%的安全余量；热水采暖系统的循环流量，须略大于系统必要的计算流量G的要求。自然循环热水采暖系统的作用压力，与锅炉中心至散热器中心的垂直高差和供回水密度差成正比。因此，降低锅炉位置、提高供水温度、增大管径是提高自然循环热水采暖系统作用压力、减少管路阻力损失行之有效的方法。

当系统管路过长，增大管径不经济或锅炉位置不便安置过低，致使热水采暖系统作用压力P与循环流量G都无法满足设计要求时，自然循环失去效力，就应改自然循环为水泵机械强制循环。

2. 热风采暖

热风采暖是以空气作为热媒，用燃煤或燃油热风炉直接加温，或通过蒸汽-汽热交换器加温。热风采暖升温快、热利用率高，一般可达70%~80%，一次投资与运行费用低，但温度稳定性差，一般多用于季节性短期加温。热风采暖供热管道设在温室顶部时，应在下侧面开两排出风孔，主要是通过出风孔口直接吹出热风进行加温。

3. 电热采暖

电热采暖主要用于育苗时季节性温床基质局部加温。电热温床主要由隔热层、加热线、基质及地面覆盖几部分组成。隔热层一般由干燥的锯木、稻糠、麦秸等铺成，厚10~20cm。床上底层由3~5cm炉灰或干土铺平，电热线设在床土中间。

4. 地中热交换系统（地源热泵采暖）

在封闭状态下利用贮热原理，根据各时段作物生理活动过程对温度的要求，分段控制室温，将白天多余的太阳能贮存地下，高温高湿空气在地下风道内通过热交换将热量传给土壤，同时，高湿空气中水汽冷凝析出。这样一方面热量传给土壤，另一方面降低了湿度。晚间室内温度低时，再将地下贮存的热量补充到室内，提高夜间室内气温，有效地均衡了昼夜室温。

但地源热泵系统初期投资较高，后期持续运营维护的要求也比较高。

（二）温室通风降温设施

夏季与春末、秋初，由于强烈的太阳辐射与温室效应，白天温室设施内的气温往往高达40℃以上，远远高于作物生长适温，大大限制了多年生花卉、苗木及长季节作物的栽培。若自然换气方式无法满足降温要求，就需要通过配套设施完成机械强制换气。

1. 机械强制换气设备

当温室自然换气不能满足生产要求时，可考虑在温室南山墙设置风机，北山墙开设进气窗进行强制换气（图4-4）。设计强制换气的主要任务是风机选择及换气窗开设面积的确定，选用低压、大流量、低噪音风机较为经济。风机在设定静压时的总通风量应略大于温室设计通风量。进气窗面积为风机出风口面积的3～4倍为宜。在面积较大的连栋温室内还可以安装环流风机，按要求分布于温室内，达到更好的通风换气效果。

2. 湿帘风机降温系统

现代农业展示温室作为农业建筑应当具备一定的环境调控功能，除了温室开窗自然通风功能外，还应增设温度湿度调控强制设施以面对极端天气。湿帘风机降温系统（图4-5）是现代农业展示温室常见的控温控湿配套设施。利用强制通风使水分蒸发吸热，达到增湿降温的目的。多数情况下，在连栋温室的建筑设计阶段就已经通过计算

图4-4　温室风机

必要通风量算出了湿帘面积以及风机型号数量，再根据实际情况布置。在大型连栋温室中，为保证温室内温度湿度均匀性，可在温室桁架下方设置环流风机增强温室内部空气循环流动效果。

某些花卉如仙客来等，当夏季室外气温超过35℃，要求棚室内最高温度低于28℃，自然与强制通风都不能满足温度调节控制要求时，可考虑采用湿帘风机降温系统进行降温。

在密闭温室的一面山墙上安置风机，另一面山墙上安装湿帘，利用集水池、水泵、供回水管路构成水循环系统，使湿帘常处于湿润状态。当风机抽风时，通过湿帘内外空气压差，迫使较干燥的空气从多孔、湿润的湿帘穿过。湿帘孔隙表面部分液态水接触未

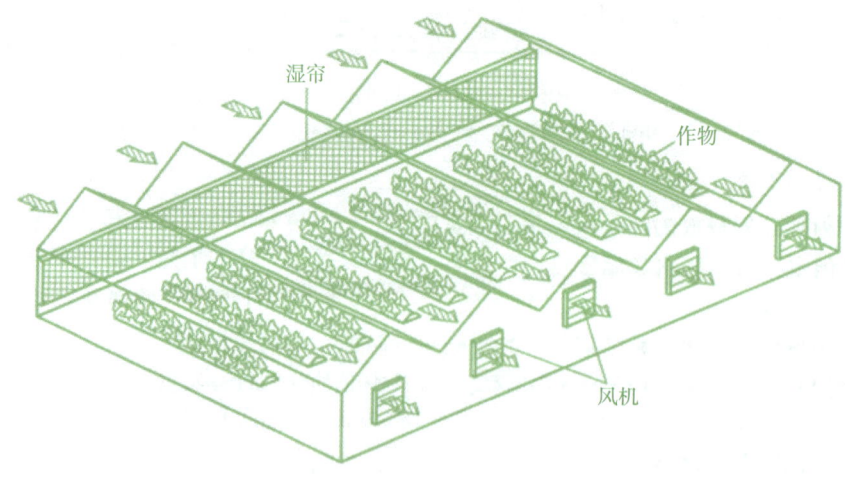

图4-5　温室湿帘风机降温系统示意图

饱和的空气时，蒸发为气体。水分蒸发带走大量潜热，将迫使进入室内的空气降低自身的温度。这样，湿帘风机降温系统就源源不断地将低温的空气引入棚室进行降温。一般情况下，通过湿帘空气的干球温度可降到室外湿球温度以上2℃左右。在有效遮阳情况下，一般可使室温降至28℃以下。

（三）温室内降湿设施

温室设施内空间小，因密闭保温而限制了通风换气，往往造成室内空气处于高湿状态。湿度与病原微生物的繁殖密切相关。病原菌孢子的形成、传播、发芽、侵染，均需90%以上较高的相对湿度。如瓜类霜霉病病菌的分生孢子在萌发后产生的孢子囊，一般通过水滴游动到叶片上，发芽管伸长后，从气孔侵入。高温高湿利于真菌孢子的萌发。特别是温室覆盖材料及叶片表面温度降低到露点以下时，将凝结出水滴，水滴利于病菌的繁殖和侵入。在高湿状态下，围护结构与叶片容易造成结露。因此，温室设施内的湿度条件是引起作物病害的主要原因。温室内湿度的控制方式一般为通风、布膜和加温。

1. 除湿与降湿设备

设施内造成高湿的原因主要是密闭。为了防止室内高温高湿，可采取自然或强制通风换气，以降低室内湿度。设施内相对湿度的控制标准因季节、作物种类不同而异，一般以60%~85%为宜。通风换气量的大小与土壤、作物水分蒸发、蒸腾的大小及室内外的温湿度条件有关。除湿与降湿主要通过热泵及强制通风设备，其中强制通风设备同上文机械强制换气设备。

热泵降湿。利用压缩机对制冷工质压缩做功，使制冷工质通过蒸发器蒸发时，以低温热源吸取蒸发潜热，经压缩后再通过高温散热器，将从低温热源吸取的热量与压缩机压缩做功的热量一起放热于高温加热间，这是热泵正常的工作程序。如将热泵的蒸发器置于温室设施栽培间，蒸发盘管的温度可降到5℃左右，远低于室内空气的露点温度。此时，空气循环时，室内空气中的水汽将大量从蒸发盘管上析出，从而达到降低室内空气湿度的目的。据研究，利用热泵降湿，一般可使夜间温室设施内湿度降到85%以下。

除此之外，也可利用换热通风装置，通过多层塑料薄膜管道，使室外低温低湿空气与室内高温高湿空气通过管道壁进行充分的换热。这样，既回收了排出空气的热量，又换出了室内高湿的空气，从而达到控制室内空气湿度的目的。

2. 加湿设备

在夏季和初秋高温干燥季节，当室内相对湿度低于40%时，往往需要进行加湿。在一定的风速条件下，适当增加一部分湿度可增大叶片气孔的开度，从而提高作物的光合强度。常用的加湿方法有湿帘风机降温系统加湿，还可达到降温的目的，一般可使室内相对湿度保持在80%左右，同时不会产生因加湿而打湿叶片的现象。在高温、干燥季节，用湿帘风机降温系统加湿是适宜的。另外，还可以安装高压雾化系统，实现温室内降温和加湿的目的。

四、其他设施设计

（一）栽培、灌溉施肥设施

现代农业展示温室若涉及栽培设施设备的展示，所用的栽培设施除了满足生产功能外，还应具有协调的颜色搭配和美观的造型，使其具备一定的展示功能，如造型栽培架、悬挂式气雾培等。另外，从节约用水、提高水的利用率、降低温室湿度以及劳动强度方面考虑，建议栽培设施采用滴灌施肥灌溉系统。

滴灌是一种半自动化的机械灌溉方式，安装好的滴灌设备，使用时只要打开阀门，调至适当的压力，即可将水分送到作物根区自行灌溉（图4-6）。滴灌比地面沟灌节约用水30%~40%，对土壤结构的破坏大大减轻。滴灌的温室地温相对来说要比传统地面灌溉的高，有利于栽培作物早长早发；湿度较低，有利于减轻病虫害发生，增产效果比较明显，一般果菜类可以增产10%~20%。

膜下滴灌技术，就是将地膜栽培技术与先进滴灌技术相结合，水、肥、农药等通过滴灌带直接作用于作物根系，均匀地给农作物"打点滴"，通过塑料地膜覆盖，棵间水分蒸发甚微，十分有利于作物的生长发育。这项节水技术的问世解决了喷灌技术在新疆生产建设兵团的适用性问题，破解了喷灌技术无法进入大田使用推广的"瓶颈"问题，成为世界节水史上一次创新。滴灌系统由供水装置、输水管和滴水部分组成。

1. 供水装置

供水装置包括水源、水泵、流量和压力调节器、肥料混合箱、肥料注入器。进入滴灌管道的水必须具有一定压力，才能保证灌溉水的输送和滴出（图4-7）。

2. 输水管

输水管是将供水装置的水引向温室等滴灌区的通道。对于温室来说，一般是二级式，即干管和支管，滴灌管直接安装在支管上。滴灌管为高压聚乙烯或聚氯烯管，管径有25~100mm不同的规格。温室外的干管埋深0.8~1.0m，在冻土层以下。输水管道上引至温室的出水管的管径为37.5~50.0mm；输水管道上需要安装过滤器，以防铁锈和泥

图4-6 滴灌设施工作原理示意图

图4-7 自动灌溉施肥系统示意图

沙堵塞。过滤器采用8~10目的纱网过滤，同时要安装压力表阀门和肥料混合箱（容积0.5~1.0m³）。进入温室后的管道一般置于温室中立柱或通道前的地面上。

3. 滴水部分

多采用聚乙烯塑料薄膜滴灌带，厚度0.8~1.2mm，直径有16、20、25、32、40、50mm等规格，颜色为黑色和蓝色，主要是防止管内生绿苔，堵塞管道。栽培垄或畦比较短，可选用直径小的软管。滴管带软管的左右两侧各有一排0.5~0.7mm孔径的滴水孔，每侧孔距25cm，两侧滴孔交错排列。当水压达到0.02~0.05MPa时，软管便起到输水作用，将软带的水从两侧滴孔滴入根际土壤中。每米软带的出水量为13.5~27.0L/h。

（二）水电系统

在现代农业展示温室中，不仅有以上栽培、环境控制及公共设施，还有基础配套设施设备，如消防、给排水、电气等系统，也是非常重要的。

1. 温室电气系统设计

温室的用电设备主要有环境调控设备（湿帘、风机、拉幕电机、开窗电机、水泵、环流风机）、灌溉设备、营养液池供水动力设备、河流瀑布助推设备、照明设备、音效设备等。

温室内设备电压有380V和220V两种，温室灌溉、照明常用220V电压。有的温室使用电热线加温，有的温室其临时加温炉也需要电力供应；有的温室用电设备较多，如果是水培较多的温室，循环泵、充氧机等使用较多，如气雾培设施，其需要电压较高。温室规划中要充分考虑这些用电负荷，以确保温室用电的可靠性和安全性。

2. 温室排水的设计与布局

农业展示温室内用水设备、设施较多，其排水系统也要配套。种植区部分灌溉排水，控制用水量，做好排水沟、排水管道；有滴灌的区域可适当做好排水系统；在水培区或营养液池等用水区域做好排水管网的设计工作，水培营养液会定期或不定期的更换，排水量较大；有水系景观的温室，其水净化能力较自然水系小，需要进行换水，以满足水中动植物对水质的要求，以及清澈、无异味等美化标准，需要铺设排水管网；另外，还要考虑温室日常清洁污水的排放。综合考虑排水量，以上排水管网可以并用，由各部分分管汇到主管道中，统一排到室外，排水管道可预先埋入地下，以保证温室的整体效果。

3. 温室声光系统的设计布局

温室内配备音响设备，可以播放自然界的声音，如鸟叫、蝉鸣等，也可以播放科普知识或游客信息等。利用音响效果，既可以烘托场景气氛，增强艺术感染力，声景并茂，也可以方便游客。

因费用较高，景观灯可根据需求设置。利用灯光的缤纷色彩，营造不同区域、景点的环境，让园区内的各种景观在先进照明技术的辅助下，更加生动、更加绚丽。景观灯主要在温室内园路、廊道、水景、山体以及植物造型等处设置，配合温室景观，形成明暗交错、主题分明的效果,营造特殊的环境氛围。灯具材质可以采用金属、塑胶、陶瓷,也可以采用石材,或者采用木质园林灯,因主题风格而定。

4. 温室消防安全

温室内要设计独立的灭火水源或消火栓,要有足够合理的疏散通道,室内如遮阳网、防虫网和电缆线以及各种植物、景观小品多是易燃物,一旦着火,很难控制。如设办公室或其他休闲房间,则需要设置自动喷水灭火系统;温室内应满足自然排烟的要求。此外,消防设施也应得到重视,尤其是包含购物、展陈、餐饮等商业用途的温室必须设置消防栓,必要时设置喷淋系统。在非商业性质展示温室中也必须在多处设置手提式灭火器。

(三)综合环境调节与管理系统

在现代农业温室中,依靠人的经验、智慧与能力进行的综合环境调节与管理称为初级阶段的综合环境管理。植物(作物)的生长发育主要取决于遗传与环境两大因素。遗传决定生长的潜势,而环境则决定这种潜势可能兑现的程度。植物(作物)对环境因素的要求,涉及光、温、水、气、肥等众多因子。同时,随着品种、生育阶段及昼夜生理活动中心的变化而不断变化。因此,植物(作物)对环境因子的要求是由彼此关联的众多环境因子组成的综合环境动态模型决定的。植物(作物)需要的综合动态环境模型是受(植物)作物生命周期制约的。温室设施提供的综合动态环境系统是受自然环境及工程设施限制的。二者的统一,即可充分发挥作物遗传学的潜力。在植物(作物)整个生育期中,温室设施的环境条件往往不可能完全满足植物(作物)的需要。因此,必须根据植物(作物)需要的综合动态环境模型与外界气象条件,采取必要的综合环境调节措施,将多种环境因素,如日照、温度、湿度、CO_2浓度、气流速度、电导率等都维持在适于作物生长的水平,以期达到优质、高产和低耗的目的。人们只是根据长期实践积累的丰富经验,看天、看地、看作物、看管理作业效果,进行经验积累的、定性的管理。在激烈竞争的设施栽培中,传统的环境调节与管理已远不能满足市场经济发展的需要。除借助一些仪器、设备、装置随时掌握多种环境、作物的变化情况,决定随时采取必要的温度、光照、湿度、营养液施用等调节控制与管理外,还应根据生产资料、成本、市场与产品价格及劳动力、资金情况统筹计划,调节上市期与上市量,以获得较高的效益。

自然因素、作物长势与市场变化往往是错综复杂的。人的精力、运算与判断速度及记忆能力是很有限的。人并不善于长期应付许多重复、烦琐的工作。经验丰富、精明能干的生产能手,也难以始终如一地实现综合环境与市场预测、生产计划的科学管理。一般的生产人员就更难胜任了。由于计算机技术的飞速发展,特别是单片机性能价格比的不断提高,使温室设施的综合环境调节控制提高到了智能化水平。现代温室设施的综合管理,包括环境因子与生物信息的自动采集、处理、显示、存储,温度、湿度、光照、营养液配方等的调节与管理、异常情况的紧急处理与报警等。

第三节
现代农业展示温室建筑工程的改良设计

现代农业展示温室相比仅具备生产功能的温室还要具备展示功能，因此在满足生产功能的前提下，温室的结构、相关设施设备也需要依其新增的展示功能进行改良设计。本节着重介绍现代农业展示温室结构、设施设备存在的不足之处以及对应的改良方法。

一、现代农业展示温室结构材料的改良

（一）存在问题与不足

1. 耐火等级

由于现代农业展示温室中的生态餐厅、展销馆等具有明确商业功能的连栋温室已经不属于农业建筑的范畴，因此需要符合商业建筑的耐火要求。而传统连栋温室采用轻钢结构，未做防火处理，不满足耐火要求。虽然连栋温室本质为农业建筑，没有明确的防火规范，但是其商业功能要求提高温室建筑材料的耐火等级。目前我国针对现代农业展示温室尚无明确的防火规范要求，要求参考的规范参考性低，不符合实际生产、施工情况。

2. 温室墙体

传统连栋温室墙体一般为砖砌，由于南北方气候差异，墙体厚度和高度会有所不同。南方连栋温室墙体高度在0.3~0.6m，主要功能为承重、防止雨水飞溅、倒灌；北方连栋温室墙体一般为三七墙且高度大于1m，主要功能为承重、保温。随着建筑材料的不断升级更新，从功能上看传统的砖砌墙已经可以被其他成本更低、功能更优的材料代替。

3. 结构承重

世界各国生产性连栋温室大多采用轻型钢结构，立柱采用矩形薄壁钢管，梁采用钢管或小型桁架，通过天沟以单元组合的方式形成多跨、等高的连跨结构，如果采用传统方法计算这种轻型钢结构的稳定性，材料用量较多，也难以真实反映结构的实际受力状况。在中国尚无明确的温室结构设计理论与规范的情况下，工程技术和科技人员对不同类型温室结构的理论分析与设计方法进行了研究，但尚未形成一套完整适用的稳定性设计理论。

由于部分现代农业展示温室的商业性质而被要求安装消防管道，目前消防管线的安装有两种形式，一种为地埋式，一种为吊挂式。地埋式由于定期检修会对地表造成破坏，因此一般选择吊挂式，即将消防管道直接挂在温室桁架上。这部分荷载在结构计算时应予以考虑，以保证温室结构的稳定性。

(二) 具体改良设计

1. 温室耐火改良

具有明确商业功能的现代农业展示温室（如展销馆、生态餐厅）的轻钢结构建议外涂防火涂料，增加耐火能力。轻钢使用防火涂料会提升温室建造成本，因此在规范尚未明确之前只作为一项改良提议。由于温室的生产功能，覆盖材料不能因防火等级要求而随意变更。

2. 温室墙体改良

目前泡沫、岩棉、聚酯板等保温材料的应用已经普及，可以考虑使用这些保温材料经过美观处理后减少墙体厚度，能够降低成本，提高保温效果。

聚氨酯夹芯复合板作为一种绿色环保、节能高效、质轻强度高的新型建筑围护材料，在国外已经成为主流。国内现在也将其大量用于高档建筑的外墙围护（图4-8）。在温室建设上，采用聚氨酯夹芯板代替传统砖墙作为裙墙，不仅能简化施工，还可大幅度提高保温性能。目前这种材料在生产型玻璃温室中应用较多。该材料不仅可以代替砖墙作为裙墙使用，还能作为温室配套用房立面和顶部的覆盖。

3. 结构改良

部分现代农业展示温室由于消防管线和灯具的安装，桁架承重需要另行计算，确保温室结构的稳定。此外，钢结构的设计算法可以参考近年发布的连栋温室修正计算长度系数法和层稳定系数法，对温室中柱和边柱截面进行区分设计，能够获得较好的技术和经济效果。

图4-8 聚氨酯夹芯板群墙应用实例

二、现代农业展示温室设施设备的改良

（一）存在问题与不足

1. 供暖供电设施问题

已经建成的现代农业展示温室尤其是生态餐厅普遍存在运行成本过高的问题，由于夏季降温需要长时间使用湿帘风机降温系统，冬季又要长时间采暖，对于大型连栋温室来说电费和采暖费是一笔可观的支出，且生态餐厅一般为外包经营，商户不愿意承担这笔费用。除了经营模式需要改变外，温室的供电供暖设施也需要控制成本，合理设计。

此外考虑到现代农业展示温室的展示休闲功能，夏季湿帘风机降温系统在运行时，风机的运行会伴有明显的噪声，给游客带来不佳的参观体验。

2. 栽培设施设备问题

目前现代农业展示温室中展示的栽培技术和栽培设施以无土栽培为主，包括水培技术、基质培技术及相关设施，主要以不同类型的管道、栽培槽、支架为基础，构建了"廊架""房屋""树木"等多种形态的景观，表面上看姿态丰富、景观效果良好，但其本质仍然为无土栽培和基质栽培，只是管道、栽培槽、支架的多种艺术形状产生了不同的景观效果。例如，螺旋仿生栽培设施在管道形状上的改变具有一定的创新，但是对生产的指导意义不大。在现代农业展示温室参观后的反馈调查中，游客表示对科技的感受不深，原因在于科技展示的内容多为栽培设施形状上的不同，且缺乏先进设备，科技含量低。

（二）具体改良设计

1. 供电供暖设施

部分现代农业展示温室不含生产功能，如生态餐厅和展销馆，由于生态餐厅中有大量绿植，温室配套的控温设施不能取消。而大型连栋温室冬夏两季采暖降温成本高昂，商户难以承担。连栋温室的湿帘风机降温系统和散热器是按照生产参数设计的，若要降低采暖降温成本，可以根据生态餐厅实际降温、采暖重新设计，适当减少风机、散热器数量，或者改变风机型号，减少成本投入。

另外生态餐厅的面积应当控制，大型连栋温室内虽然可以种植更多的植物营造生态景观，但运行成本较高，尤其是北方温室冬夏两季耗电量大，不适宜餐厅长久运营。

2. 机械通风设施

由于风机在工作时会产生较大噪声，对外可能影响人们正常工作休息，对内可能影响游客参观，有必要减小噪声。噪声的来源是扇叶转动引发的空气震动、轴与轴承间的摩擦、固定框与风机外壳的撞击、气流引起的外壳震动，因此可以通过改良设备减小噪声。除了定期在转动轴滴加润滑油之外，还可以在风机外壳包一层海绵，避免风机外壳与固定框直接接触，这样可以一定程度上减小噪声。甚至还可以将风机移出温室，风机

和温室间采用软连接，但这种方式会增加部分骨架成本。

3. 栽培设施设备

目前现代农业展示温室设施设备科技感不强，可以采用自动化、数据化设施设备与传统生产方式做对比，让游客体验或者直观感受科技对生产效率的提高。在数据采集上可以使用传感器向游客展示数据收集的过程，若条件允许，最好能够实现计算

图4-9　风机和温室软连接方式应用实例

机模拟、控制过程。自动灌溉系统、自动识别系统等设备可以小范围内示意，建议增加种子处理工艺，向游客展示种子经过包衣机和精量播种机实现丸粒化和自动播种的过程。这些自动化设备的引入与传统人工的对比能够明显提高现代农业展示温室的科技感。

灌溉方式上可以利用微纳米气泡发生装置进行加氧灌溉。在大面积水培系统中，采用加氧灌溉能够明显提高产量，传统的加氧泵加氧方式布点多，耐久性差，气泡滞留时间短，需要全天不间断加氧；采用对应型号的微纳米气泡机只需要一台便可以对整个水培系统进行加氧灌溉，耐久性好，气泡滞留时间长，且只需要设置合理的时间节点规律性加氧。微纳米气泡水充满肉眼不可见的微小气泡，具有独特的乳白色外观，能够起到良好的展示效果，配合液温控制机，能够实现良好的科技展示效果。

目前农业物联网的发展如火如荼，现代农业展示温室中也已经有了物联网系统的雏形，但是由于传感器等数据收集装置少，大数据分析、自动控制模型等物联网系统应用价值的体现效果还有待提高。

第四节　5G时代农业展示温室物联网设计

通信技术2G实现了语音通话，3G带来了数据传输，4G带来了快速响应的数据服务和流量信息。物联网技术的广泛使用，正在逐步构建一个万物互联的现代化农业，但是由于延迟高、网络传输速率等的限制，智慧农业尚停留在初级阶段。相比于4G技术，5G不仅在移动性上大大增强，其延迟也大幅度降低，其速率及连接数（每平方千米的最大连接数量）更是上升了不止一百倍。在5G阶段，高速率、低延时的特点作为5G的传输特性，在远程情况下不但可以达到无延迟查看监控视频，而且还可以达到实时、无误的远程控制。在5G技术的支持下，农业物联网能够更加广泛、准确地获取各方面的

信息，相比于4G下的物联网模型可以设置更多的指标，处理更多的数据，为种植业和养殖业带来更准确更系统的生产模型。

一、设计原则与内容

（一）项目建设原则

1. 先进性原则
信息化建设保持全国农业信息化领先水平，技术先进、运行服务模式先进。

2. 整合集成原则
对信息化设备进行整合和集成，在已有的技术条件下进行扩展、新建和提升。

3. 投资效益比最优原则
投资少、收益大、投资效益比最佳。

4. 政府主导，充分调动社会各界积极性原则
充分调动龙头企业积极性，充分撬动社会资金、资源和技术等支持农业快速发展。

（二）系统概述

针对现代农业示范园区需求而开发的物联网信息技术整体解决方案，主要包括三部分：园区信息采集、园区设备的自动控制和园区信息的发布与智能处理，系统构成如图4-10所示。

（1）感知层　对园区的各种信息进行全面的采集与监测。

（2）传输层　通过光纤（有线网络）、无线（中距离无线网络）以及5G等方式对信息进行传输。

（3）应用层　对信息进行处理、智能决策和信息发布，并对园区温室设备进行控制

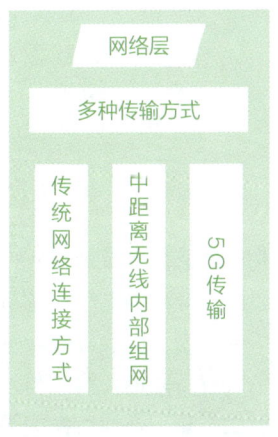

图4-10　5G农业展示温室物联网系统

与监测；智能栽培、环控设备的远程操控。

园内信息采集包括温室空气湿度温度信息监测、土壤信息监测、气象信息监测、视频信息采集等。园区设备控制包括温室的温度控制、遮阳控制、灌溉水肥控制等。园区信息的发布与数据处理包括：LED信息发布系统，中央控制室的管理平台，云端远程网页与手机APP管理系统等，系统各层相关应用如图4-11所示。

图4-11　温室物联网系统各层相关应用

二、温室环境调控系统

温室环境调控系统作为整个物联网系统的核心单元，采用进口核心全自动智能控制逻辑，将内外遮阳、内保温、开窗、风机湿帘等电气设备与任何有联系的环境指标或电气设备相关联，比如，可定义开窗电机与室内温度、湿度及室外风速、风向、雨量等各项参数的关联逻辑；同时也可定义各种电气设备间的控制逻辑，比如，当开启风机湿帘时，顶开窗必须关闭，而当顶开窗处于开启状态时，必须首先关闭顶开窗再打开风机湿帘。考虑到节约能源、效应最大化，系统可设置分级定义并控制不同的设备（如不同机组风机）的启闭程序，平衡所有气候因素，维持恒定的温度、湿度环境。对于精准灌溉及水肥一体化，采用可编程逻辑控制器（PLC）作为控制核心，采用高性能矢量变频器作为水路恒压控制核心，对灌溉、施肥、喷药实施调节控制，实现节能、长时间无人值守的安全全自动控制。计算机内部有一套根据土壤湿度传感器采集的值，与设定目标值进行对比，如高于设定目标值，自动关闭灌溉阀门；如低于设定目标值，则自动打开灌溉阀门。

温室环境调控系统常用的采集层设备包括：室内温湿度传感器、光照辐射强度传感器、CO_2浓度传感器、土壤温湿度传感器、室外气象站等。

(一) 空气温湿度传感器

环境温度和湿度是植物生长最重要的两个控制指标，不当的温湿度会导致植物产生病害、停止生长，甚至死亡。作为主要的控制参考数据，对空气温湿度信息的采集是整个环境调控系统中的重要部分。

空气温湿度多采用集成感知器件，甚至可根据需要与光照强度传感器、土壤温湿度传感器等集成一体（图4-12）。空气温度的测量范围在40~125℃，空气湿度的测量范围为0~100%，可对环境中的空气温湿度进行实时检测。空气温湿度传感器的安装位置需要根据种植作物的种类和生长阶段进行调整，一般应置于植物顶部生长点附近。

传感器的信号传输与供电方式均可分为有线和无线两种，无线信号传输及太阳能无线供电系统可使传感器的安装更灵活方便。

图4-12　三要素传感器

(二) CO_2 浓度传感器

CO_2 是植物光合作用的主要原料。按其来源主要有叶子周围空气中的 CO_2、叶肉组织呼出的 CO_2 及根部从介质中吸收的 CO_2。自根部吸收的 CO_2 只占 1%~2%，对植物的生长并不具重要意义。

提高作物周围空气环境的 CO_2 浓度、增加紊流交换、调节空气湿度等，都是提高 CO_2 扩散通量即提高作物光合强度的有力措施。施用 CO_2 对蔬菜生理与形态也有一定的影响。在一定范围内提高叶片周围空气的 CO_2 浓度，对叶菜、根菜、果菜及以种子为收获对象的作物，均有显著的增产效果。蔬菜育苗期提高 CO_2 浓度，可培育短、粗、壮苗，根系也较发达。CO_2 浓度与光照度之间有着相辅相成的关系。提高光照度可补偿 CO_2 的不足；反之，提高 CO_2 浓度也可补偿光照的不足。

温室中常用的 CO_2 浓度传感器通常利用非色散红外（NDIR）原理，具有很好的选择性，无氧气依赖性，长期稳定性好、使用周期长，测量范围 0~50000 cm^3/m^3（百万分率）。

(三) 有害气体监测设备

空气中对植物产生毒害的有害气体有：二氧化硫、乙烯、氮氧化物、臭氧、氟化氢、氨、正丁酯、磷苯二甲酸二异丁酯等。其中有的是煤、石油等燃烧的产物，有的则是某些塑料制品、农药和某些肥料挥发和残留的有害气体。它们往往在很低的浓度下就会对作物的生长产生毒害作用。常用的有害气体检测设备是复合气体检测仪。

系统设有报警机制，当数据超出预设阈值时，检测界面会发出报警提示，系统可灵活地连接外部模块，如短信模块，为指定的管理者提供所需要的信息。可以在计算机屏幕、平板电脑或智能手机上看到报警。这就意味着只要有互联网连接，就可以在世界任何地方安心地控制园艺工作。

三、病虫害的识别与诊断系统

农作物病虫害监测预警分为数据采集传输、分析预测和预报发布3大环节，其业务流程是"数据采集→数据传输→数据管理→数据分析→预测结果→预报发布"。系统以提高农作物病虫害监测预警能力为目标，集成数据库技术、地理信息技术、计算机视觉技术、物联网技术、专家系统技术、移动终端交互技术、卫星定位技术、微卫星分子标记技术，针对农作物病虫害监测预警业务流程各环节中的难点和关键问题，提出解决文案。

将数据采集获取技术作为系统的主要数据源，结合数据传输技术可为数据管理系统提供实时、可靠的病虫害及小气候监测数据，将基于网络地理信息系统（WebGIS）的具有B/S三层网络架构的农业病虫害预测预报专家系统与数据管理系统及预报信息发布的相关功能进行集成,以数据管理系统中的病虫害及环境因子等数据作为专家系统预测的输入项,驱动专家系统的推理机制,进行相关病虫害的预测预报,并通过预报信息发布系统进行病虫害测报信息的发布,指导农业生产中的植保工作。

四、农产品质量追溯系统

现代农业农产品质量追溯系统以实现高效生态农产品质量安全为目标,以"标准化生产、标识化追溯"为突破口,以生产企业-超市为主要应用模式,以二维条码为载体,构建农产品质量安全追溯系统(图4-13)。

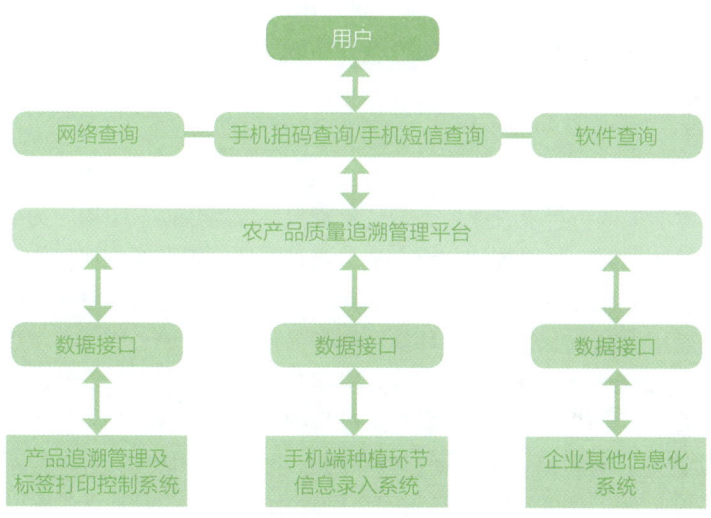

图4-13　5G时代下的农产品质量追溯系统

通过在生产基地应用便携式农事信息采集系统,实现生产履历信息的快速采集与实时上传;通过在生产企业应用安全生产管理系统,实现生产的全程农事记录和追溯条码打印;通过将农事操作汇集到园区管理部门,构建追溯平台数据库,实现上网、二维码扫描和触摸屏等方式的追溯,从而保障农产品的产品质量。

利用先进的射频识别(RFID)技术、卫星导航系统(GPS)技术、无线通信技术及温度传感技术的有机结合,将各种运输信息在"带温度传感器的RFID标签"上或通过"具有GPS及传感功能的终端结合无线通信技术"实时上传到企业的管理平台,对产品的生鲜度、品质进行细致、实时的管理,可以简单轻松地解决食品流通过程中的质量监控问题。

五、数据可视化

在5G时代，利用5G高速率、低延迟的特性，综合应用小型无人机、遥感技术、AR/VR沉浸式交互技术，通过云计算的高速计算能力，将大田信息、环境等情况综合模拟出来，通过5G的高速传输速率，将计算后的数据再返回至操作人员，达到足不出户就可以进行田间作业的目的。此举提高了人员的工作效率，使得每个人可管辖的田间范围扩大，从而达到了节约人力物力的目的。

在5G技术的应用之下，正在攻克长期存在的数据存储、传输等技术难题，解锁更多应用场景，给人们打开了更为广阔的想象空间。如戴上VR眼镜，轻触手柄，就可以遥控数百千米以外的农场重型机械，并且其控制精准度可以达到厘米级；利用5G无人机和4K高清传输技术可以巡查输电线路，同时还可以监控电塔情况，降低了工人高空作业的风险，从而营造出更加安全的农场经营环境。

六、大数据带来的变革

大数据技术能提取历年来农业生产的气象资料、灾害数据、土壤肥力等参数信息和农产品市场供需数据等，采用统计分析方法，通过实证分析和案例比较为智慧农业发展提供有益的信息参考和指导。

通过收集历年的农业生产、生态环境数据和参数，如土壤、空气、湿度、温度、日照等数据，建立数学回归模型、预测模型，科学分析农业生产条件和环境。

通过收集农产品生产、加工、物流和仓储数据，如生产者、加工流程、产业链、物流体系、库存管理、市场销售等数据，建立覆盖生产前、中、后的数据库系统，分析农产品生产安全问题，切实提高农产品安全管理水平，为广大消费者提供可靠的食品供应。

利用农业生产监控技术，如远程视频技术、实时数据采集技术、自动化控制技术等，分析农业生产过程中存在的问题，为农业生产、农产品加工提供科学指导。

但是，目前由于历年的数据不足，导致无法进行整体的因素分析，空有大数据技术而无基础条件，巧妇也难为无米之炊，所以在生产过程中，对数据的存档、记录显得尤为重要，一旦大数据工作开展起来，对历年的各种因素进行分析，会使得后续工作简单明了。

第五章

现代农业展示温室景观设计

近些年来，现代农业展示温室发展迅速，逐渐成为国内外诸多城乡建设的亮点工程，它的景观建设与室外的园林景观建设在许多方面具有一定的相似性，但由于自身特点也存在一定的差异性，而这种差异性正是现代农业展示温室吸引人、受到人们追捧的重要原因。现代农业展示温室已经成为最吸引游客的地方之一，并且已成为所在城市的农业、文化和文明标志。本章将从现代农业展示温室的景观设计特异性出发，阐述其设计的原则、依据、理念，并从现代农业展示温室项目建设实践出发，提炼出设计内容和手法，为现代农业展示温室的景观设计提供参考思路。

第一节 现代农业展示温室景观构成要素

发展至今，现代农业展示温室的景观类型已十分丰富，但是总结其景观的构成要素、特点及功能，仍有一定的规律可循，景观设计师需要充分了解和掌握此中规律，才能更好地在现代农业展示温室空间中创作出令人印象深刻的作品。

一、自然景观要素

现代农业展示温室中的自然景观要素主要是指农林植物类景观。植物是展示温室中绿色的生命体，与人们生活关系极其密切，且随着时间的推移有一个生长的过程，所展示的植物品种随着项目的经营有一个收集积累以及更替换新的过程。同时，不同于室外的园林植物，展示温室的植物一般比较珍贵、稀有、奇特，一般在本地区室外是看不到的。

展示温室中植物景观的营建主要有三种方式，包括以植物特征为主的纯植物景观；以植物为背景烘托景点主题要素，如山石、水体、建筑物、构筑物等；植物与其他景观要素共同营建的景点。在展示温室景观设计中，首先要对场地的主题立意和规划有一个长远设想，能满足预设植物以及后期更替植物的生长。在植物配置上，基于其品种的珍贵、稀有、特异与多样性，栽培环境的打造要符合植物健康生长的要求。同时根据不同展示类型的需要，合理使用多品种植物，以美的形式为植物创造生境，以有趣的活动科普游人。

二、人文艺术景观要素

现代农业展示温室是集科学与艺术于一身的展示场所，为游客提供了全年均可参观的场所，功能上孕育着潜在的多样性，需要在传播科普知识的同时满足艺术审美要求。

现代农业展示温室包含的人文艺术景观要素主要有以雕刻、雕塑、壁画、名人字画、艺术作品、假山、特殊工艺品、诗词、楹联等为主的文化艺术景观；以历史人文典故、植物体现的品格意境、文化图案的象征和序列、农业文化等为主的文化内涵体现；以生活习俗、地方节庆、民族歌舞、民间技艺等为主的民间习俗和节庆活动。基于以上丰富的人文艺术景观要素，现代农业展示温室的景观设计除了利用一般园林景观手法外，还可以借鉴普通展览馆、博物馆、美术馆的展示设计手法，增加展示活动的互动性与艺术性，展示要素与展示空间相互介入，应用多媒体技术等。

三、景观工程要素

现代农业展示温室通过"凝山缩水"的手法将自然景观浓缩于温室之内，其构成要素除了植物和人文景观外，还有硬质景观如山石、水、木材等景观工程要素，主要包括山水、道桥、假山置石、建（构）筑设施、园艺设施等类型。

山水工程的要素主要是展示温室中地形改造、水景营造、创造仿自然环境和园林意境的工程，包括堆山理石、水系驳岸、喷泉跌水等景观的营造。道桥工程包括道路、景桥的建设，作为交通设施，道桥是联系各景点的纽带。假山置石工程包括用天然材料构筑的山体形态和用现代水泥塑石建造的假山假石。建（构）筑物在现代农业展示温室中既能与环境组成景致又能作为人们游览休憩的设施。在现代农业展示温室中，建（构）筑物类型有游憩设施、管理设施和服务设施等，如厅、亭、廊、榭、操作间、卫生间、设备间、中控室等。园艺设施工程主要指用于植物栽培的棚架、立体栽培系统，是植物采用非地面栽培以及营造特殊空间景观形态的重要构成要素。

在温室内进行景观工程的建设需要考虑场地地基承载力，也需要考虑对温室建筑基础结构产生的挤压推力，并注意考虑温室建筑的结构与配套设施，合理避让或在不影响基本功能的前提下进行美化装饰或景观化利用。景观工程材料的选择也需要注意不能对植物造成伤害，尽量接近植物的原生环境；同时注意选择耐腐蚀或经过严格防腐处理的材料；在室内空间下营造景观，材料选择不仅要符合展示温室建筑的要求，同时要满足景观空间尺度等美的形式。

第二节
现代农业展示温室景观设计的原则与依据

一、现代农业展示温室景观设计原则

（一）特色鲜明，突出文化原则

现代农业展示温室景观的建设应当突出特色，以提高其市场竞争力，激发其发展潜力。景观设计要和项目实际相结合，明确资源特色，区别于周边其他景观类型，立足本土文化，最大限度地将项目的特色文化表现出来，考虑因地制宜，通过深入挖掘其文化内涵，展示地方特色，使场馆内容更加形象生动。例如，农业观光型展示温室可结合当地主导产业，做好产业资料搜集与分析，有的放矢开发当地未来产业，进行新品种的展示，从而起到引领与带动当地产业发展的积极作用。展示温室的景观设计要基于产业，融入项目地区特色文化内涵，同时考虑将最具区域代表性的民俗文化等元素体现在景观设计中，这也是不同项目之间最大的差异。

（二）科学合理，遵循美学原则

现代农业展示温室耗资较大，因此各方面都必须做到科学合理。例如，先进农业生产技术、加工技术及衍生产品技术的集成展示，农业大数据的应用，现代"互联网+"模式的应用等前期需进行科学合理的可行性研究及相应的市场调查和预测等。景观设计的后期温室空间的划分和功能布局也要遵循科学原理，进行容量分析，充分考虑植物的生境、生长特性，设计元素服务于植物，创造植物适宜的生存环境，科学布置温室的气候调节设施等。结合传统及现代造园艺术手法，对植物、山石、水、建筑小品、活动空间、游览线路等各景观构成要素进行精心布置，力求既有艺术的外貌又有科学的内涵。理顺各景区的道路游览系统，从人的心理及生理特点出发，合理安排参观游线，优化组织景观空间游览序列，考虑动态游览景观视线变化，注意平面视线与立体景观视线的组合，组织多层次、多空间、平视、仰视、俯视结合，近观、远观、微观结合的室内展示景观。

（三）环保安全，注重趣味性原则

立足于游客参观需求，节约资源、绿色低碳，可持续发展。现代农业展示温室景观设计应从自然生态和低碳环保方面着手，考虑材料、结构、工艺及形态的安全性，不会对人、环境等产生损害，加大项目内部资源循环利用的同时，在园区建设中尽量减少对园区内及周边环境的污染，为人们提供绿色的游购赏体验。同时，应注重对植物专类及环境保护、传统文化、农业技术等进行深层次的科普宣传，充分考虑植物自身的文化内

涵、游客的可接受度和观赏品位，体现趣味性、互动性，寓教于乐，为游人提供认识宏观、微观植物世界的科普教育场所。结合场地设施，布置不同主题的科普教育内容，宣扬现代环保、节约、真善美等意识。现在由于城市化进程的加快和人们生活压力的加大，人们更想融入自然，享受深入体验的乐趣，所以在景观设计中应深入考虑体验类项目，提高项目的竞争力，营造一个科学性、趣味性与参与性结合的丰富多彩又特色鲜明的展示温室景观。为带给人们不一样的视觉体验，各展区可展示一些罕见的植物景观与生态特征，并辅以艺术化的景观小品和先进的科教设备；在布展形式上，也可形成功能多样化展示，如会议、演出、派对等，使之成为新型的科普教育基地和游览观光胜地。

（四）生态经济，持续创新原则

现代农业展示温室的景观大多以"植物"为主。因此，在植物选择时应兼顾植物与展示主题的关系，考虑科学引种的意义和植物自身的代表性、实用性、多样性，尽量选3E植物，即特有（Endemic）植物、珍稀濒危（Endangered）植物、重要经济价值（Economic）植物以及有重要研究价值、观赏价值和历史文化价值的植物。在设计过程中遵循自然生态原则，根据植物的生态学特征，充分考虑植物的生境、生长特性及类群演化关系，并结合温室环境调控措施，模拟不同植物的生境，做到科学合理，实现生态景观与景观多样性相结合。以植物为素材，紧贴布展主题，突出植物的新、奇、特。将"生态景观"概念融入主题温室的景观设计，体现自然优先和生态文明的理念。

现代农业展示温室的投资必然是巨大的，但并不意味着它的成本是盲目的毫无控制。景观设计应该从自然生态和低碳生态方面着手，体现低碳、节能、环保，设计方案力求在栽培管理，如浇水、施肥、更换展品等方面适合温室空间，并充分考虑建设期内以及未来的维护与管理成本。

正如景观设计与农业相结合形成了创意农业，通过景观方法挖掘农业的新奇与好玩，从而产生了更多新的项目与景观展示方式。因此，只有加强创意设计，不断创新，现代农业展示温室项目才不会千篇一律，导致陷入模式化的怪圈中。主题景观是每个展示温室内景观设计的核心，也是最能体现创意的节点，其设计要综合考虑展示温室主题、主要元素、文化背景、景观效果等方面，旨在形成体量宏大且令人耳目一新的同时又能代表展示主题的景观节点。

二、现代农业展示温室景观设计依据

现代农业展示温室景观设计是近些年才出现的新兴事物，且融合多学科理论与技术，国内尚未制定专业的设计规范或标准。目前从事相关设计的团队和组织大多参考但不限于以下标准及规范：《风景园林制图标准》（CJJT 67—2015）、《公园设计规范》（GB 51192—2016）、《建筑设计防火规范》（GB 50016—2014）、《民用建筑设计统一标准》(GB 50352—2019)《无障碍设计规范》(GB 50763—2012),《室外工程》(12J003),《园林绿化工程施工及验收规范》(CJJ 82—2012),《木结构设计规范》(GB 5005—2017),《木结构工程施工质量验收规范》(GB 50200—2012),《砌体结构工程施工质量验收规范》(GB 50203—2011),《砌体工程现场检测技术标准》(GB/T 50315—2011),《混凝土结构工程施工质量验收规范》(GB 50204—2015),《混凝土结构设计规范》(GB 50010—2010)。

另外,现代农业展示温室的景观的设计还应以批准的城市总体规划和绿地系统规划等上级规划设计文件为依据。

第三节
现代农业展示温室景观设计法则

一、游客容量计算

现代农业展示温室景观设计首先需确定场地所能承载的游客容量,作为确定各种景观设施容量、数量、用地面积以及进行经验管理的依据。

游客容量宜采用分类计算法,一般按下式计算:

$$C = (A_1/Am_1) + (A_2/Am_2) + C_1 \tag{5-1}$$

式中　C——游客容量;
　　　A_1——硬质活动场地面积;
　　　A_2——游憩绿地面积;
　　　Am_1——人均占有硬质活动场地面积;
　　　Am_2——人均占有游憩绿地面积;
　　　C_1——开展水上活动水域的游客容量。

此公式一般适合农业观光类展示温室的游客容量计算,其人均占有硬质活动场地面积以 $7\sim15m^2$ 为宜,人均占有展示温室绿地面积以 $20\sim50m^2$ 为宜,有开展游憩活动的水域时,水域游客容量宜按 $10\sim25m^2$/人进行计算。植物园系统及以世园会、花博会为背景的展览温室人均占有硬质活动场地面积指标和人均占有游憩绿地面积指标的取值,应根据所在园区的性质、功能、规模等实际情况确定。绿色商务型温室应根据所需要营造的绿色环境效果,以及满足具体功能要求如餐饮、购物等的相关设计规范来计算游客容量。

二、空间布局设计

现代农业展示温室空间首先是有墙体围合的密闭空间，且墙体为视觉通透性较高的玻璃或塑料等，是一个与室外空间相互渗透的密闭空间。其次，不同于室外空间与一般室内空间，展示温室的空间介于它们之间，因为它既是室内空间，有边界的限制，不能开阔到无限，也比一般的室内展览馆空间要大，需要容纳下"凝山缩水"的景观，满足植物生长空间的需要。因此，现代农业展示温室景观空间布局应根据项目性质、植物特点、地方特色、场地条件以及植物的生态习性、观赏特性等不同要求进行合理布局。空间布局应构建植物生长需要的多样性生境或设施，满足植物物种迁地保护、就地保护、收集引种、生产展示、科普教育、观光游乐等功能的需要。鉴于展示温室空间的特殊性，在空间布局设计过程中，景观空间的分割、联系和尺度把握可以借鉴室外园林景观空间营造和展览馆展示空间设计的手法，又要注意与其尺度与主题的不同，选择合适规格的素材。

（一）空间布局形式及法则

展示温室景观空间的布局形式有规则式景观、自然式景观、混合式景观三大类，布局法则如下。

1. 多样与统一

景观中的各组成部分，它们的体形、色彩、线条、形式、风格等要求有一定程度的相似性和一致性，给人以统一的感觉。包括：形式的统一、材料的统一、线条的统一、花木的多样化与统一、局部与整体的统一。

2. 对比与协调

对比，是指借两种或多种性状有差异的景物之间的对照，使彼此不同的特色更加明显，提供给观赏者一种新鲜的景象，包括空间对比、虚实对比、疏密对比、方向对比、大小对比、色彩对比、质感对比和布局对比。协调，是指事物和现实各方面之间的联系与配合达到完美的境界和多样化中的统一。

3. 均衡与稳定

均衡主要是景观构图中各要素左与右、前与后之间相对轻重关系的处理。布局中的均衡可以分为：对称均衡、不对称均衡和质感均衡。稳定是景观整体上下之间的轻重关系处理。

4. 韵律与节奏

空间的开合收放和相互渗透与空间流动，景观的疏密虚实与藏露隐显都能使人产生一种有声与无声交织在一起的节律感。景观空间布局要注意韵律与节奏的体现，一般包括以下几种形式。

（1）连续韵律　即有同种因素等距反复出现的连续构图的韵律特征。如等距栽植的树木、等高等距的廊架、等高等宽的台阶、由低到高规律变化的景观墙等。

（2）交替韵律　即有两种以上因素交替等距反复出现的连续构图的韵律特征。如柳树与桃数的交替栽种、两种不同花境的等距交替排列等。

（3）渐变韵律　指景观空间布局连续出现重复的组成部分，在某一方面做有规律的逐渐加大或变小、逐渐加宽或变窄、逐渐加长或缩短的韵律特征。如体积大小、色彩浓淡、质地粗细的逐渐变化。

（4）交错韵律　两组以上的景观要素按一定规律相互交错变化，常见的形式有芦席的编织纹理和中国的木棂花窗格。

（二）空间的功能划分法则

各功能展示空间的划分与布置应保证游览的系统性、灵活性和可选择性，游览路线应合理便捷，具体法则如下：

（1）展示温室应根据其性质、规模、综合发展需要及场地条件设置功能区。

（2）根据室外道路、展示温室规模与布局确定主次出入口，应以不同方向连接室外道路；主要出入口应与室外交通和游人走向、流量相协调。

（3）游览出入口宜与科研、管理、生产出入口分开设置。

（4）游客集散空间、服务设施、主要游览线引导空间宜在入口区合理布置。

（5）游览出入口集散场地面积下限指标应以展示温室游客容量为依据，不宜小于 $0.05m^2$/人。

（6）康复主题、盲人主题空间应安排在环境安静、设施安全、交通方便的区域；儿童主题空间应设置在环境安全、交通便捷、方便成人看护的区域，宜设置边界维护，与周围保持独立性。

（7）管理区宜设置在交通便利、相对独立的区域，可与入口区结合设置。

（三）空间形式与组合设计

空间形式必须适合于功能要求。这种关系实际上表现为功能对于空间形式的一种制约性，简单地讲就是功能对空间的规定性。功能决定空间的大小、容量、形状和"质"，"质"主要是指满足采光、日照、通风等相关要求。空间形式首选必须满足功能要求，除此之外它还要满足人们审美方面的要求，另外，工程结构、技术、材料等也会或多或少地影响到空间的形式。

"空间组合形式"是指若干独立空间以不同方式衔接在一起，使之形成一种连续、有序的有机整体。景观空间组合的形式是千变万化的，有线式、并联式、串联式、集中式、辐射式、网格式、轴线对位式、组团式等。

1. 线式组合方式

线式组合方式指一系列空间单元按照一定的方向排列链接，形成一种串联式的空间结构，一般有串联空间和并联空间两种。

线也是空间形态中的基本要素，是由点的延续或移动形成的，也是面的边缘。线可以是直的或者曲的，或是许多直线和曲线的组合。它们可以是规则的或不规则的几何形。线有长短和方向之分，长的线保持一种连续性，短的线可以分隔空间，具有不定性。方向感是线的主要特征，一条线的方向影响着它在视觉构成中所发挥的作用，在景观设计中常利用这种性质组织空间。

2. 集中式组合方式

集中式组合方式由一定数量的次要空间围绕一个大的占主导地位的中心空间构成。它是一种稳定的、向心式的空间构图形式，中心空间一般要有占有统治性地位的尺度或突出的形式。集中式组合没有方向性，主要运用于景观广场的设计。以小空间围绕大空间的组合形式也可以看作是集中式组合方式的一种，其以体量巨大的空间为中心，其他附属或辅助空间围绕在四周布置，具有主体空间十分突出、主从关系分明的特点。

3. 辐射式组合形式

辐射式组合形式综合了线性与集中式两种组合要素，由具有主导性的集中空间和由此放射外延的多个线性空间组成。具体包括由一定的尺度和特殊的形式来体现其主导和中心地位的中心空间，一般是规则的形式；也包括向外延伸的线式空间，功能形式可以相同，也可以有所变化以突出个性。

4. 组团式组合形式

组团式组合形式是指形式、大小、方位等有着共同视觉特征的多个空间单元，组合成相对集中的空间整体。与集中式不同的是，组团式组合没有占统治地位的中心空间，因而缺乏空间的向心性、紧密型和规则性。

（四）景观空间的尺度把控

（1）垂直界面对空间的划分与控制作用，与其高度（H）及相对距离（D）有很大的关系，在场地设计中$D/H=1$，2，3为最广泛应用的数值。

$D/H=1$：当处于45°仰角时，是观赏任何单体细部的最佳位置，相当于视点距离单体等高的位置。

$D/H=2$：当处于27°仰角时，视点距建筑物有建筑物2倍的距离，这时，既能观察到建筑的细部，又能感受到对象的整体性，进观察细部，退则观察整体，为观察建筑的最佳观察点。

$D/H=3$：当处于仰角18°时，视距相当于建筑物高度的3倍，能看到以周围建筑为背景的十分清楚的主体对象。

（2）人能较好地观赏景物的最佳水平视野范围在60°以内，观赏单体的最短距离应等于单体的宽度，即相应的最佳视区是54°左右，大于54°便进入细部审视区。

（3）广场空间适宜尺度　6m左右可看清花瓣，20~25m可看到人的面部表情，这一范围通常为近景，作为框景、导景，增加广场景深层次。中景为70~100m，可看清人体活动，一般为主景，要求能看清单体全貌。远景150~200m，可看清群体轮廓，作为背景起衬托作用。作为人们休闲、活动的文化性广场，尺度是由其共享功能、视觉要求、心理因素和规划人数等综合因素决定的，其长、宽一般应控制在20～30m为宜。

三、景观竖向设计

在农业展示温室建筑设计的前提下，建筑内部地形地貌的塑造是整个展示温室景观设计的基础。不同景观主题和不同生境的植物的展示都要依托适合的地形，同时，丰富的地形地貌可以为多层次、多角度的游览设计提供条件，也为环控设施的布设创造了良好的掩蔽。地形塑造对突出各展示区的景观特色与温室空间利用的经济性有重要影响。

（一）景观竖向设计的通用法则

（1）竖向设计应以总体设计所确定的各控制点的高程为依据，包括：假山顶；最高水位、常水位、最低水位；水底、驳岸顶部、道路主要转折点、交叉点和变坡点；主要景观构筑物的低标高和顶标高、周边地坪；各出入口内、外地面；地下工程管线及地下构筑物的埋深；温室内外最佳景点相互因借观赏点的地面高程等。

（2）栽植地段的栽植土层厚度应符合种植要求。

（3）大高差或大面积填方地段的设计标高，应计入当地土壤的自然沉降系数。

（4）改造的地形坡度超过土壤的自然安息角时，应采取护坡、固土或防冲刷的工程措施。自然地面坡度划分：平坡（3%）、缓坡（3%～10%）、中坡（10%～25%）、陡坡（25%～50%）、急坡（50%以上）。

（5）创造地形应同时考虑园林景观和地表水的排放，各类地表的排水坡度宜符合表5-1的规定。

表5-1	各类地表的排水坡度		单位：%
地表类型	最大坡度	最小坡度	最适坡度
草地	33	1.0	1.5～10
运动草地	2	0.5	1
栽植地表	视土质而定	0.5	3～5
铺装场地	1	0.3	—
平原地区			
丘陵地区	3	0.3	—

在无法利用自然排水的低洼地段，应设计排水管沟（表5-2）。

表5-2　　　　　　　　　　　　　　明沟沟深和纵坡度要求

明沟类型	Δh最小值/m	Δh最大值/m	h最小值/m	最小纵坡/%
梯形明沟	0.15	0.2	1.0	3
矩形明沟	0.15	0.2	1.0	3
三角形明沟	0.05~0.10	0.2	1.0	5

（6）水工建筑物、构筑物应注意水体的进水口、排水口和溢水口及闸门的标高，应保证适宜的水位和泄洪、清淤的需要；下游标高较高致使排水不畅时，应提出解决的措施；非观赏型水工设施应结合造景采取隐蔽措施。硬底人工水体近岸2.0m范围内的水深不得大于0.7m，达不到此要求的应设护栏。无护栏的园桥、汀步附近2.0m范围以内的水深不得大于0.5m。戏水池深0.5~1.0m为宜。养鱼池的深度因鱼的种类不同而异，一般池深0.8~1.0m，并需配套保证水质的措施。

（二）竖向设计布置形式

应根据场地平整程度和高差变化选择不同的竖向设计布置形式。
（1）混合式　用地经改造成为平坡和台阶相结合的场地形式。
（2）平坡式　用地经改造成为平缓斜坡的场地形式。
（3）台阶式　用地经改造成为阶梯式的场地形式。

（三）水景的竖向设计

自然式的水体景观讲究"疏水之去由，察源之来历"，以人工水面创造出近似自然水系的效果。为避免水出无源，通常将水的轮廓处理成自然曲折、时隐时露、水岸为自然曲折的倾斜坡地。如设计成人工沙滩或草地缓缓倾斜延伸入水体中，宽阔的水体还可创造洲、渚、滩等景观；狭窄的水体可形成瀑布、跌水、地泉等水体景观，使水具有自然河流之秀色，潺潺山溪之灵性。再比如喷泉类水景可高可低，喷泉池宜高或平，旱地喷泉则宜下沉，以仰视体现高大和壮观，以平视体现其平和而亲近，以俯视体现其生动活泼。

（四）广场绿地的竖向设计

在广场绿地设计中，往往对地形进行抬升或下降处理，以体现或表现不同景观。对无主景的休闲广场常做成下降地形，如设计下沉式广场以交汇视线景观来营造文化表演和休闲小憩的景点设施。绿地则需根据植物生境要求塑造符合植物展示、满足各类植物良好生长条件的多种地形。专类园等展示区应配合总体设计，通过竖向设计形成相对独立、完整的微地形展示空间。水生植物展示区应利用水体资源或地势低洼区域，营造完整连续的水体生态系统和多样的水生植物生长环境。

(五)道路的竖向设计

展示温室内道可造成适当的起伏,局部支路可形成步道台阶以缓冲平坦路面,调节游人的步伐、缓解疲劳。道路两侧的地势可呈起伏状,既满足了排水要求,又使道路具有流动性和方向性。展示温室内规划的观光车道纵坡坡度不应小于0.2%,也不应大于3%,其坡长不应大于50m,横坡应为1%~2%;步行道的纵坡坡度不应小于0.2%,亦不应大于8%,横坡坡度应为1%~2%;人流活动的主要地段,应设置无障碍人行道。

四、道路及铺装设计

供人们游览观光是现代农业展示温室承担的重要功能之一,游览的组织对展示温室经济、社会效益的提高有着重要意义。游览组织对温室空间经济利用的影响主要表现在合理的游人容量设计、游览线路与游览方式的组织以及游览设施的设置等。主要游线尽量为单循环、无障碍,次要游线则需引导游人深入欣赏景观细部。

(一)道路

展示温室道路承受的交通量、荷载相对较小,对路基和面层结构要求简单,但强调路面的工艺和装饰作用,道路本身即为景观的组成部分。路面的材料、色彩、纹样应尽量丰富。

(1)应以展示温室的性质和规模为依据确定园路面积比例和园路宽度,满足园区游客量和景点容量需求。

(2)应根据农业展示温室的实际情况确定道路分级(表5-3),宜分为主路、支路和小路。主路应满足无障碍通行,温室四周有取暖设备的应设操作道。

表5-3　　　　　　　　　　　道路分级对应情况

园路级别	农业展示温室面积/m²		
	<3000	3000~8000	>8000
主路	2~2.5	2.5~3.6	3.2~4
支路	0.9~1.2	1.5~2	1.5~2.5
小路	—	0.9~1.2	0.9~1.5
操作道	1.3	1.3	1.3

(3)道路应结合植物展示和科普设施合理布置,形成游览参观的导向体系。

(4)道路及铺装场地的形式、材料、结构应符合景观及承载力的要求,宜选用平整、防滑、耐磨、稳定的生态透水材料。

（5）展示温室内宜结合植物布展设置多角度、多层次的立体游览线路。道路场地面积占温室总面积的比例不宜大于30%。

（6）展示温室内部道路及场地布局应方便植物的栽培和养护管理。

（7）科研实验与生产、管理区应设置专用通道，不宜与主要游览道路重合或交叉。

（8）通往孤景、制高点等卡口的路段，宜设通行复线；必须沿原路返回的，宜适当放宽路面。

（9）园路及铺装场地应根据不同功能要求确定其结构和饰面。面层材料应与整体风格相协调。采用不同材料美化路面，如用卵石或用卵石拼成不同图案铺地，可从色彩、造型上丰富园林景观，且有利于健身；如用碎瓷砖铺地，既可充分利用材料又可增加园林景观色彩。

（二）铺装

铺装应根据集散、活动、演出、赏景、休憩等使用功能要求做出不同设计。安静休憩场地应利用地形或植物与喧闹区隔离。演出场地应有方便观赏的适宜坡度和观众席位。铺装场地内的树木周围，应按其成年期的根系伸展范围，采用透气性铺装。

（三）景桥

根据总体设计确定通行所需尺度并提出造景、观景等项具体要求。有管线通过的景桥，应同时考虑管道的隐蔽、安全、维修等问题。

（四）踏步

（1）踏步常用高度（H）及宽度（W），H=0.12~0.15m，W=0.30~0.35m；$2H+W$=60~65cm。

（2）可坐踏步：H=0.20~0.35m，W=0.40~0.60m。

（3）连续踏步数最好不要超过18级，18级以上应在中间设休息平台，平台不小于1.20m。

（五）常用铺装类型

按路面材料和做法，可分为四类：整体路面、块材路面、碎料路面和特殊路面。在实际园路工程中，路面类型并无绝对分类，往往块材、碎料互有补充，从而形成丰富多变的园路类型。

（1）整体路面　是指整体浇筑、铺设的路面，常采用水泥混凝土等材料。具有平整、耐压、耐磨、整体性好的特点。近年来，随着材料性能和施工工艺的改进，利用彩色水泥、彩色沥青混凝土，通过拉毛、喷砂、水磨、斩剁等工艺，可做成色彩丰富的各种仿木、仿石或图案式的整体路面。

（2）块材路面　是指利用规则或不规则的各种天然、人工块材铺筑的路面。材料包括强度较高、耐磨性好的花岗岩、青石板（文化石的一种）等石材、地面砖、预制混凝土块等。利用形状、色彩、质地各异的块材，通过不同大小、方向的组合，可构成丰富的图案，不仅具有很好的装饰性，还能增加路面防滑、减少反光等物理性能。铺设时留缝较宽的块材路面和空心砖路面，可利用空隙地植草，形成生态型路面。块材路面是园路中最常使用的路面类型。

（3）碎料路面　是指利用碎（砾）石、卵石、砖瓦砾、陶瓷片、天然石材小料石等碎料拌砌铺设的路面。主要用于庭院路、游憩步道。由于材料细小、类型丰富，可拼合成各种精巧的图案，能形成观赏价值较高的园林路面，传统的花街铺地即是一例。

（六）常用面层材料

（1）混凝土　仿石混凝土预制板、市政砖等各种造型的混凝土砖。

（2）天然石材　用于天然石砌路面、园路的饰面处理，主要类型如下。

①花岗岩：花岗岩石材没有彩色条纹，多数只有彩色斑点（各种矿物质颗粒，如石英、长石、黑云母等），还有的是纯色。其中矿物质颗粒越细越好。中国产花岗岩的色彩分类：红系列、黑系列、绿系列、花系列。

②板岩：青石板、莹灰板、莹青板、黄木纹。天然板岩有一种特殊的层状板理，使其纹理清晰如画，质地细腻致密，淡雅古朴，表现返璞归真的效果。

③锈板：石头上自带生锈陈旧效果的岩石，具有暖色的自然亲和力，可延续户外自然情怀，营造悠然轻松的氛围。

④砂岩板：砂质表面，起伏纹理。砂岩以原始的气息吸引人们，色彩分明。

⑤其他石材：石英岩、鹅卵石、砾石、小料石、彩石砖、蘑菇石、艺术石、水磨石、水洗石、砂石等。

（3）砖材　机压砖、广场砖、瓷砖、陶砖等。

（4）常用木板　菠萝格、杉木、芬兰木、楠木、柚木、东北松等。

（5）适用于花岗岩、混凝土、水泥砂浆结合砾石的面层材料常见的粗面处理方式。

①自然面：自然开凿后开凿面不经过打磨，表面平整，但较粗糙，可加工成不同粗糙程度的表面。

②火烧面：自然面的花岗岩，经过高温喷火器材处理，表面粗糙，但可见融化后片状闪光，或烧焦的石英、云母等残留物，或者表面呈现白色。

③剁斧板（斩假石）：经斧剁加工，表面粗糙，具有规则的条状斧纹。一般用于景观地面、花台、台阶、基座等。

④机刨板：用刨石机刨成较为平整的表面，表面呈相互平行的刨纹。一般用于景观铺地、景墙、台阶、踏步等。

五、植物种植设计

植物景观是农业展示温室景观的核心。展示温室功能区划与植物展示区的划分应突出地域特征,合理确定植物展示区的类型、面积及其布展方式。植物展示区类型不宜过多,过多会导致植物种植区破碎化,交通面积增大。同时,各展示区面积与布置方式的确定需综合考虑地域气候、植物习性以及建筑净空高度等。

(一)植物种植设计的一般法则

(1)植物设计应满足农业展示温室科普、科研及观赏的需要;符合植物配置设计的科学性、生态性、多样性和合理性。展示温室展览区的种植设计应将各类植物展览区的主题内容和植物引种驯化成果、科普教育、园林艺术相结合。

(2)植物设计应以总体设计对植物组群类型及分布的要求为根据,有利于营造植物的生长空间和生长环境;满足濒危、野生、珍稀植物的生存环境,体现原有植物的生存空间及利用价值。

(3)展览区展示植物的种类选择应符合下列规定:对科普、科研具有重要价值。在城市绿化、美化功能等方面有特殊意义;能为展示种类提供局部良好生态环境;能衬托展示种类的观赏特征或弥补其不足;具有满足游览需要的其他功能。

(4)植物种植土壤的理化性状应符合相关的土壤标准,满足灌溉水渗透的要求,其指标可按现行行业标准CJ/T340《绿化种植土壤》的规定执行。

(5)绿化用地的栽植土壤应符合下列规定:栽植土层厚度符合要求,且无大面积不透水层;废弃物污染程度不致影响植物的正常生长;酸碱度适宜;物理性质符合规定;凡栽植土壤不符合以上规定者必须进行土壤改良。

(二)种植区域覆土的一般规定

(1)地下设施覆土绿化构造层包括防水层、隔根层、排水层、过滤层、栽植土壤层、植被层。

(2)如挖槽原土基本为自然土质(湿容重为1600~1800kg/m^3),可回填实施绿化。回填厚度300cm,最低不小于150cm。不应回填渣土、建筑垃圾土和有污染的土壤。

(3)如地下设施覆土厚度仅为150cm,为防止部分植物根系穿透防水层,需在防水层上面铺设隔根层。可用高密度聚乙烯土工膜、PVC卷材等多种材料,如用PVC卷材,厚度1~2mm,搭接宽度6cm。如地下设施边缘有侧墙,则应向侧墙墙面上翻25~35cm,排(蓄)水设施必须铺设在隔根层的上面。

(4)为了防止栽植土壤经冲刷后细小颗粒随水流失,造成土壤中的成分和养料流失,并堵塞排水系统,应在排(蓄)水层上面铺设过滤层,且过滤层应具有较强的渗透性和根系穿透性。可用级配砂石、细沙、土工织物等多种材料。如用双层土工织物材料，搭接宽度必须达到15~20cm，覆土时使用器械应注意不损坏土工织物。

（5）绿化植物根系生长适宜的覆土厚度如表5-4所示。

表5-4　　　　　　　　有土栽培的植物种植必需的最低土层厚度一览表

植被类型	草本花卉	草坪地被	小灌木	大灌木	浅根乔木	深根乔木
土层厚度/cm	30	30	45	60	90	150

（三）专类植物展示区种植设计

（1）专类植物展区宜按植物的分类、生态类型、生长类型、地理分区、观赏特性或价值用途等进行设计布局。

（2）专类展区植物包括野生与栽培种及种以下的单位。

（3）专类展区可辟出非展出区作为科研用地。

（4）对有毒有害的植物应采取防护和隔离措施。

（5）应避免种植有毒、有刺和易产生过敏性物质的植物；儿童活动场地周围的植物种植，应保持良好的可通视性。

（6）盲人展示温室应选择具有特殊形态、有触摸感和有芳香感的植物，紧靠园路两侧种植。

（四）游人集中场所种植设计

（1）游人集中场所的植物选用　在游人活动范围内宜选用大规格苗木；严禁选用危及游人生命安全的有毒植物；不应选用在游人正常活动范围内枝叶有硬刺或枝叶形状呈尖硬剑、刺状以及有浆果或分泌物坠地的种类；不宜选用挥发物或花粉能引起明显过敏反应的种类。

（2）集散场地种植设计的布置方式　应考虑交通安全视距和人流通行。儿童游戏场的乔木宜选用高大荫浓的种类，夏季庇荫面积应大于游戏活动范围的50%；活动范围内灌木宜选用萌发力强、直立生长的中高型种类。露天演出场所观众席范围内不应布置阻碍视线的植物，观众席铺栽草坪应选用耐践踏的种类。

（五）动物展示区种植设计

动物展区的种植设计，应有利于创造动物的良好生活环境；不致造成动物逃逸；创造有特色的植物景观和游人参观休憩的良好环境；有利于卫生防护隔离。植物选择应有利于模拟动物原产区的种类；动物运动范围内应种植对动物无毒、无刺、萌发力强、病虫害少的中慢长种类。在笼舍、动物运动场内种植植物，应同时提出保护植物的措施。

（六）种植设计程序与方法

植物种植设计的程序通常包含以下六个环节（图5-1）。

1. 总体及详细设计方法

（1）植物景观空间设计　宏观尺度的空间疏密分布及其序列的确定是植物景观空间设计的重点。

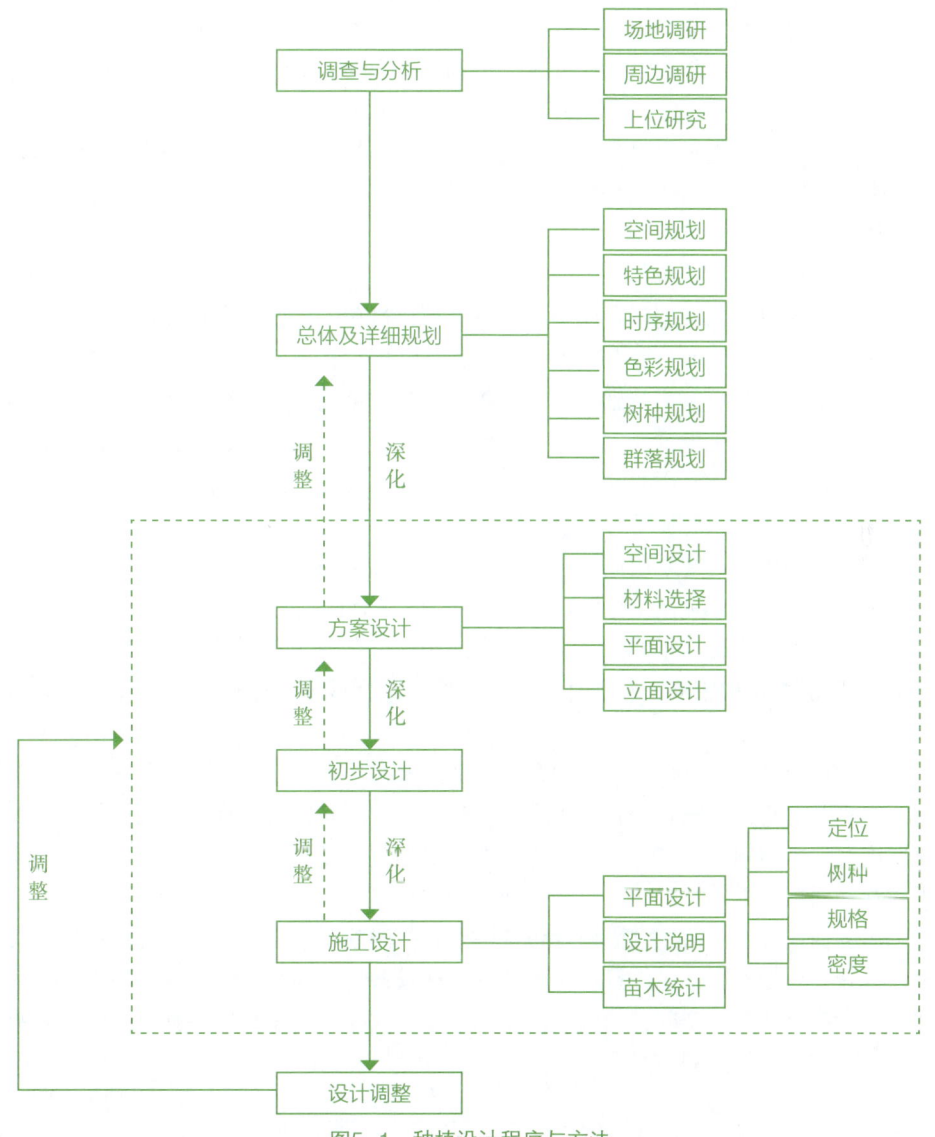

图5-1　种植设计程序与方法

（2）植物景观特色设计　在了解场地功能定位的基础上，结合现状分析，构建植物景观特色分区，确定分区基调树种。植物景观特色分区是植物景观的立意表达，各特色分区之间有主次之分，同时也是一个有序的整体。

（3）植物景观时序设计　植物景观的季相设计，是将植物不同的季相景观统筹在展示空间中，通过植物不同的季相景观特征强化空间中的时序性。由于展示温室环境的特殊性，植物景观的远景设计一般选择3年或5年作为调整节点。根据植物预期的生长速度和变化速度，对目前的植物规划提出调整建议，进行远景设计。

（4）植物景观色彩设计　色彩是欣赏植物景观最直接、最敏感的内容。在植物景观营造中，色彩不仅可以使植物景观变得更有趣，而且还可以引起人们的情绪变化。植物景观色彩规划需要从宏观层面确定植物色彩的基调及布局，明确植物景观主题立意。

（5）树种规划　植物材料是植物景观规划设计的基础。从植物景观规划立意出发，明确项目基调、骨干树种，合理配置快长树与慢长树、常绿植物与落叶植物之间的比例。

2. 方案设计方法

方案设计是对概念规划阶段内容的调整、深化过程，需要从大尺度宏观规划层面深入到中小尺度的设计层面。这个过程需要在充分掌握、正确理解规划内容的基础上有序地展开。以植物特色分区为基础，在一个相对完整的植物群落组合单元内，针对空间构成的主要群落进行深化设计，主要包括群落的空间设计、植物材料的选择、群落的平面设计、立面设计。

（1）空间设计　方案阶段的植物空间组织设计，以植物景观特色分区为单元，通过功能、视线的分析，对规划层面的空间关系进行细化，划分出大小不同的密林区、疏林区以及开敞草地的位置和范围。植物景观空间是一个有机的整体，在大多数情况下，植物景观空间都是通过水平要素和垂直要素的相互组合、作用而形成的。根据构成方式的不同，将植物景观空间分为口型、U型、L型、平行线型、模糊型、焦点型等不同的类型。

（2）平面设计　指群落构成空间在平面上的布局。平面布局反映了群落与群落之间的空间组织及群落内植物材料在水平方向上的疏密、前后关系。林缘线设计是平面设计的重要内容，是指树林或树丛、花木边缘上树冠垂直投影于地面的连接线。林缘线是植物配置在平面构图上的反映，是植物空间划分的重要手段。

（3）立面设计　群落的立面设计包含两个方面的内容。其一是植物群落结构，其二是林冠线设计。植物群落结构设计指群落的层次及各层次间的尺度、疏密、空间关系。林冠线是指树林或树丛空间立面构图的轮廓线。不同高度树木组成的林冠线决定着游人的视线，影响游人的空间感受。

3. 初步设计方法

初步设计是继方案设计之后的再一次深化设计，是对方案设计内容调整和细化的过程。初步设计可充分借鉴传统园林植物配置的原则和方法。初步设计确定主要植物的种类、名称、位置，同时需要控制数量及株行距，并标明现状植物。在项目实践中，种植初步设计有时会与施工图设计阶段合并。

4. 施工图设计方法

植物施工图设计是植物种植施工、工程预算、工程施工监理和验收的依据，应准确表达出种植设计的内容和意图。植物施工图设计在对方案设计（或初步设计）进行适当调整后，标明植物种类、名称、株行距、栽植位置、栽植密度、植物规格、数量。除此之外，还需根据项目有针对性地编写种植工程说明书及植物材料表。

5. 设计的现场调整

施工现场配合是设计调整和再优化的过程。在种植施工中难免会遇到一些设计阶段无法预见的问题，这有可能会影响到最初的设计理念和景观效果，此时需要设计师快速地进行设计的现场调整，既能解决问题又不影响预期效果。设计的现场调整是项目实施过程中非常重要的环节，是植物景观能否达到预期效果的关键。

六、景构及设施设计

（一）建筑及构筑物

建筑物的位置、朝向、高度、体量、空间组合、造型、材料、色彩及其使用功能应符合展示温室总体设计的要求。游览、休憩、服务性建筑物设计应符合下列要求。

（1）与地形、地貌、山石、水体、植物等其他造园要素统一协调。

（2）层数以一层为宜，起主题和点景作用的建筑高度和层数服从景观需要。

（3）游人通行量较多的建筑台阶宽度不宜小于1.5m；踏步宽度不宜小于30cm，踏步高度不宜大于16cm；台阶踏步数不少于2级；侧方高差大于1.0m的台阶，设护栏设施。

（4）建筑内部和外缘，凡游人正常活动范围边缘临空高差大于1.0m处，均设护栏设施，其高度应大于1.05m；高差较大处护栏高度可适当提高，但不宜高于1.2m；护栏设施必须坚固耐久且不易攀登。

（5）有吊顶的亭、廊、敞厅，吊顶采用防潮材料。

（6）亭、廊、花架、敞厅等供游人坐憩之处，不采用粗糙饰面材料，也不采用易刮伤肌肤和衣物的构造。

（7）游览、休憩建筑的室内净高不应小于2.0m；亭、廊、花架、敞厅等的楣子高度应考虑游人通过或赏景的要求。

（二）驳岸、假山与置石

作为景观环境局部的主景乃至景观主题序列和构建地形的骨架，置石在景观空间组合中起着重要的分隔、穿插、连接、导向及扩张空间的作用，石材的纹理、轮廓、造型、色彩、意韵在环境中可起到点睛作用。通常运用山石小品点缀景观空间，常见的有驳岸、挡土墙、护坡、花台，既造景，又具实用功能；作为自然式的小品，如石桌、石凳、石栏、蓄水器等具有很高的实用价值，还可结合造景，使景观空间充满自然气息。

堆叠假山和置石的体量、形式和高度必须与周围环境相协调，对假山的石料应提出色彩、质地、纹理等要求，对置石的石料还应提出大小和形状的要求。各种造景，必须统一考虑安全、护坡、登高、隔离等各种功能要求。游人进出的山洞，其结构必须稳固，应有采光、通风、排水的措施，并应保证通行安全。叠石必须保持本身的整体性和稳定性。山石衔接以及悬挑、山洞部分的山石之间、叠石与其他建筑设施相接部分的结构必须牢固，确保安全。山石勾缝作法可在设计文件中注明。

1. 景观置石的分类

（1）面比较明显的石头　　如黄石，这类石头大多体态浑厚，有棱角，也有些边角比较模糊的，只要可以明显区分其不同的面和方向，就将其列为此类，为A类。

（2）圆形石头　　如巨硕石、卵石，石头难以分辨出面与边线，长、宽比例接近，棱角不明显。凡是这种石头，列为B类。

（3）造型奇特的石头　　像太湖石、灵璧石、石笋、英石、古植物化石等，造型奇特、可以单独成景的石头归于此类，为C类。

造景选石时无论石材的质量高低，种类必须统一，不然会使局部与整体不协调，导致总体效果杂乱不堪。要准确把握置石的环境，如水体大小、建筑物的体量、植物配置等因素，必须从整体出发，这样才能使置石与环境融为一体。

2. 置石方法

（1）看面　　供人观赏的面。一般是石头上形态比较完整自然、色彩较好的面。在置石过程中要将破损、污秽的部分隐藏起来，将较好的面呈现出来。

（2）平与正　　在置石过程中，无论是直立还是横卧，也不管石头是圆是方，石头都应该平正，不要出现歪斜的姿态。尤其是面比较明显的石头，判别标准是看顶面是否平。错误的做法是石头斜搭、斜置，给人感觉散乱、不稳定。

（3）曲折变化　　在驳岸、场地收边的时候，石头呈线性连接，尤其要注意曲折变化，从立面看过去，置石应该是呈折线的，从平面上看，置石也应该是呈折线的。挑选大小不同、厚薄不一的石头进行组合，平面上看，石头不应该是一条光滑的线条，要或前或后，不成一条直线。从立面上看，石头也是高低不平的，如果石头大小高矮一致，就用几块叠加，叠加的时候注意下面做底的石头比旁边的矮些更好。正确的叠加方法是下面的石头不要成为一条直线，略低一些。下面的石头高低一致，叠加后效果不好。

（4）疏密变化　　疏密变化在置石中尤其重要，只要不是孤置的石头，就要注意与其他石头之间的位置关系，要疏密结合，不要出现平接或是全部散点的情况。要"形断意连接"，如书法中出现的"飞白"。错误的形式有分布均匀、有疏无密、有密无疏。

（5）大小搭配　　大小搭配在任何时候都是需要注意的，无论是驳岸还是散置的石头，由变化产生美感，变化体现在体量、高低、前后等方面。

3. 景石与其他元素组合

（1）与植物结合　置石区域要将石头向外围渗透，这也是疏密关系的体现。适当围出小的种植池，可以让植物渗透进来，让驳岸更生动。同时，植物的叶子从石头上垂下来，也能破掉单调的石岸。不光是驳岸置石中要注意植物与之结合，其他地方也一样，适当的植物可以让石头富有生命力。

（2）与硬景结合　当水岸太长时，常用石头将岸线分割，使岸线有变化。破硬质边线、破软质边线、平台、场地边角或是道路场地相接的地方，可用石头护住边缘，将置石直接替换部分园建，如扶手、花池、道牙甚至是挡土墙、台阶、座凳等。

（3）跌水是水景置石的重要内容，选择做跌水面的泄水石要薄且平，跌水面的大小以及高差要与石头大小相结合，大的跌水面需要多个跌水点，泄水石要悬挑，以形成水帘为目的；在硬质的基础上置石，水位被抬高，效果受到影响，比较好的做法是在做基础时跌水面不做挡水坝，用泄水石来控制水位标高。

（三）护栏

（1）示意性护栏高度不宜超过0.4m。

（2）各种游人集中场所容易发生跌落、淹溺等人身事故的地段，应设置安全防护性护栏。

（3）各种装饰性、示意性和安全防护性护栏严禁采用锐角、利刺等形式。

（4）电力设施、动物展区以及其他专用防范性护栏，应根据实际需要另行设计和制作。

（四）挡土墙

挡土墙是为防止场地填方或地形堆筑坍塌而修筑的、承受土体侧压力的墙式构造物。常见的断面形式有直立式、仰斜式、俯斜式、台阶式、重力式和悬臂式，其选择方法如下。

（1）使墙背土层压力最小使用仰斜式挡土墙（仰斜墙）。仰斜墙的主动土压力最小，而俯斜式挡土墙（俯斜墙）主动土压力最大，直立式挡土墙（垂直墙）主动土压力介于前两者之间。

（2）当在边坡挖方时，仰斜式挡土墙要优于俯斜式。仰斜墙背可以与开挖的边坡紧密地结合，而俯斜墙背则需回填土。

（3）当在边坡填土时，应尽量减少使用俯斜式挡土墙。仰斜墙背填方夯实困难而垂直墙与俯斜墙夯实较容易。

（4）墙前地形平坦时，用仰斜墙较合理；墙前地形较陡时，用垂直墙较合理。

（五）儿童游乐设施

游戏内容应保证安全、卫生和适合儿童特点，有利于开发智力、增强体质。不宜选用强刺激性、高能耗的器械。各种使用设施、游戏器械和设备应结构坚固、耐用，并避免构造上的硬棱角；尺度应与儿童的人体尺度相适应；造型、色彩应符合儿童的心理特点；根据条件和需要设置游戏的管理监护设施。

七、标识系统设计

（一）导览标识系统设计

导览标识系统的设计应当以为展示温室树立高档次、高质量的服务形象，创造园区和谐的游览与休闲环境，为游客提供人性化服务，加强园区与游客的信息沟通，增强游客的旅游体验，优化景区发展的要素结构与空间布局，引导游客顺利完成旅游活动，促进旅游业持续、健康、稳定发展为根本目标。

1. 标识系统的类型

（1）导游全景图（展示区总平面图） 包括展区全景地图、展区文字介绍、游客须知、景点相关信息、服务管理部门电话等。

（2）景物（景点）介绍牌 包括景点、景物介绍，相关来历、典故综合介绍，景点、景物的设计尺寸，景点说明牌，区域导游图等。

（3）道路导向指示牌 包括道路标志牌、公厕指示牌等游客提示牌。

（4）警示关怀牌 提示游客注意安全及保护环境等的提示牌、警示牌等。

（5）服务设施名称标识 售票处、出入口、游客中心、医疗点、购物中心、公厕等一些公共场所的提示标识牌。

2. 导览标识系统设计的主要内容

（1）全面分析景区导览标识规划区域的发展与现状、优势与制约因素，以及与其他相关规划的衔接。

（2）分析景区导览标识规划需求总量、景区地域结构及其他结构，提出规划的主题形象和发展战略。

（3）提出景区导览标识规划发展目标，明确导览标识设计的方向、特色与主要内容，提出导览标识要素结构、空间布局的原则和办法。

（4）按照可持续发展原则，注重处理、保护、开发、利用之间的关系，提出景区导览标识系统具体实施的保障及其他合理措施。

（5）提出对景区导览标识的体量、尺度、色彩、风格等的要求。

（6）景区的导览标识规划应与景区发展总体规划协调一致，规划期一般以5年为宜，并应经过专家论证，提高导览标识设置的科学性和专业性，5A景区标识设计力求减少盲目性和随意性。

3. 设计要求和原则

（1）设计要求 导览标识必须达到其完整的功能性，面貌完整，文字及图案内容清晰、直观；品质、韵味高尚，造型、风格适当，设计风格要突出生态性、文化性、艺术性、多样性和功能性；并应因类型不同，区分色彩的冷暖与深浅，区分形状的明快与恬静、华美与质朴，使之适合旅游景区环境；其标识材质、外观和风格要与景区类型、特色、环境协调一致；设计各种类型标识时，要按照不同功能区分系统，并建立各系统之间的有机结合。

（2）设计原则　设计理念要人性化，设计内容要规范化，设计风格要与环境相协调，导览标识的种类和功能要系统化。

（3）用色设计　导览标识及其文字和图案要根据景区经营理念、环境背景色的需要，并根据认知程度来选取较高反差的颜色搭配，以获得文字和图形的最佳视觉效果。

4. 文字及图形符号的使用

（1）中文、英文是景区导览标识使用的基本语种，必须同时使用，所表达的信息要与指向实物相吻合，文字含义准确无误。4A级（含）以上景区的全景牌（或全景导游图）必须同时使用中文、英文和其他两种（自行选择）外语语种。

（2）文字设计效果要达到字体、颜色、排版视觉鲜明丰满；点、线、面、文字和图件要素有机搭配；整体信息传达能够产生强烈的吸引力，给游客带来视觉冲击效果。

（3）导览标识所使用的图形符号要遵循《标志用公共信息图形符号　第1部分：通用符号》(GB/T10001.1—2012)、《标志用公共信息图形符号　第4部分：运动健身符号》(GB/T10001.4—2009)和《标志用公共信息符号　第5部分：购物符号》(GB/T10001.5—2006)，标志图形符号设计需遵循《标志用图形符号表示规则　第1部分：公共信息图形符号的设计原则》(GB/T16903.1—2008)。

5. 材料设计

材料的选择应遵循环保、节能、科技含量高、成本低、视觉美、易维护、易更新的原则，根据景区自然、人文特色及实际需要设置，参考相关材料学原理自行选择，但须保证文字、图形等内容均有良好视觉反差及功能效果。

6. 植物标牌设计

内容应科学、准确、规范，根据说明牌大小合理安排标注信息。小型植物标牌应标注中文名、拉丁名、分类科目等信息，大中型植物标牌应标注中文名、拉丁名、英文名、分类科目、原产地、分布地、观赏特征、生态习性等信息。

7. 专类园导览系统

盲人主题园中的导览、标识系统应采用触摸式指示系统、语音解说系统等设备，触摸式指示系统应使用国际通用的盲文表示方法；康复主题花园内各类牌示的安装高度和角度应符合轮椅使用者的需求。儿童主题园中的导视、标识系统设计应体现趣味性，采用方便儿童读取、使用的形式、内容和高度。

（二）科普展陈设计

1. 科普展陈内容的演变

科普展陈的内容和呈现，随着科普展陈工作重点的转换，经历了科研标本、教学文本、故事讲述、信息传达四个阶段。

（1）第一阶段　主要展示大量的实物标本。国内大部分的农业科普展陈展示处于这个阶段，在场地中简单陈列农具，摆放丰收的作物或秸秆，没有系统的组织及知识体系。

（2）第二阶段　以实物形式表达的知识体系。展陈是开展社会教育和辅助学校教学的重要手段，系统的知识体系的展示表达更符合专业性知识科普的需求。

（3）第三阶段　讲述一个故事。随着受教育群体的日渐壮大，人们学习知识的主动性越来越强，观展慢慢变成一种休闲活动，观展者在观展过程中更注重在轻松的氛围中选择感兴趣的主题进行深入探究。

（4）第四阶段　碎片化信息的传达。通过某一主题串联不同知识体系的信息，进行逻辑性的整合设计，通过传达方式、表述风格，影响观展者对信息的接受和理解。

2. 展陈内容设计

展陈设计即展览陈列设计，是科普展示的重要环节。《中国大百科全书》对"陈列设计"的定义是"依据陈列主题要求，对陈列内容进行构思，确定陈列风格、总体要求，并运用各种艺术、科技手段有机地组合陈列品的工作"。

优秀的展陈设计可以向观展者更加顺畅地表达期望观展者接收理解的信息，将核心的信息、文化结合思想愿景向参观者们进行传播。从分析实物标本，叙述知识体系，到将知识寓于故事中讲述，再到生动转达碎片化信息，展陈设计的对象和任务呈现出变化状态。在这个演变过程中，展陈内容设计者对客观知识的主观加工比重越来越大。

展陈内容设计要对相关知识体系的信息进行选择、重构、转换和呈现。

（1）选择　确定展陈主题和知识体系，以及信息的筛选原则，决定知识的取舍。

（2）重构　确定信息解读的切入点及角度，简化知识，对选择的信息进行重新组织。

（3）转换　选择体现主题和知识内容的实物或虚拟展品，运用多种表达手段表现知识体系。

（4）呈现　选择适宜的展陈语言，确定展陈信息的表述风格。

影响现代展览温室展陈内容设计的因素有：主导产业、运营机制特质、展品收集收藏情况、展陈场地条件等客观因素，也有策划人的知识积累、园区业务能力、运营单位态度和表达风格等主观因素。

3. 展陈设计流程

根据展陈设计的定义，结合现代展示温室的特点，现代农业展示温室展陈设计的基本流程与重要节点要求如下。

（1）确定展陈主题　必须根据农业展示温室的主导产业制定展陈主题，才能更好地达到科普教育的目的，而不只是信息与场地的硬性结合。并根据主题对相关知识进行选择和重构，始终贯穿主题线索。

（2）梳理展陈内容　基于信息传播理论，展陈策划者更关注信息的选取、组织、发送，展陈内容设计更关注信息的内涵、形态、层次及价值，并依据展陈的知识性框架，将信息分组分层，选择适宜的信息传播方式。如根据信息内涵，将特定知识点的相关信息区分为基本信息、背景信息、辅助信息。展陈内容需注意结构的完整性和逻辑性，内容设计的质量是展陈的生命。展陈策划人对内容有裁量权，必须尊重知识、尊重观展者，切实承担展陈科普的社会教育责任。

（3）明确科普群体　面向不同的观展群体，展陈风格和详细展示信息的筛选确定原则与标准不同，学龄前、青少年、中年及老年人的社会观、价值取向及受教育程度不同，导致观展者对信息的接受和解读程度不同，因此在设计时明确主要观展群体尤为关键。

（4）确定展陈风格　如果展陈内容风格不定，传播方式杂乱，缺乏明确的风格和导向，观众会因个人使用传播媒介的偏好而误读展陈内容。

4. 常见展示陈列方式

传统意义上的展示陈列方式是以看得见、摸得着的物品展品为主体，但伴随着网络技术和多媒体技术的飞速发展，"以物为本"的物品展示方式正在逐渐向人与物并重甚至"以人为本"的数字展示方式过渡。常见的展示方式有壁挂式陈列、展台式陈列、悬吊式陈列、场景式陈列和组合式陈列。

（1）壁挂式陈列展品多具平面属性，所以对展示空间要求不是很高，只要提供线性的墙面和适宜高宽比的观赏通道就可以满足。

（2）展台包括展柜和地台两种。展柜陈列主要用于展示小型立体展品，可以沿墙布置，也可以布置在陈列空间的中央。地台陈列较多用于独立展示较为贵重的展品，参观者能多角度欣赏展品，陈列时可根据展品体积大小灵活布置。

（3）悬吊式陈列是将飞禽、植保无人机等特殊的展品直接通过静态悬吊的方式置于空中，参观者在行进中或平视或仰视，以获取动态和富有新意的感觉。

（4）场景式陈列包括两类：一类是以推断为基础、以历史遗留的物件展品为线索，通过当代的技术和材料还原历史上的某段真实情节；另一类是将考古现场或历史遗迹中保存较为完整的、具有一定规模的、不宜通过片段陈列的内容以主题场景的形式展示。

（5）有的时候那些历史遗留下来的展品和农业技术有它们的传说和故事，所以在适当的时候就可以选择上面四种陈列方式中的几种，来形成组合式陈列。

（6）数字展示方式帮助参观者在不通过导员的情况下就能了解关于产品更丰富的背景知识或者感受关于场景更真实的信息，突破了传统陈列模式的禁锢。

（三）科技展示创新设计

20世纪后期，展陈内容设计受到信息理论和传播理论的深刻影响，构建学习理论也转变了布展者对观众教育的认识。在展陈设计中，观展者从被动因素转变为不可忽视的主动性因素，观展者对展陈信息的接受和利用水平成为评价展陈效果的重要标准。因此，布展者如何通过展陈设计，让观展者更准确、更全面地接收展陈传达的信息变得尤为重要。时代的发展、多元化的社会需求对展陈设计提出了更高的要求，设计创新是项目发展的必然趋势。

1. 场景设计创新

场景设计是各主题场景的一种模拟重现，是比较常见的一种展陈空间打造方式，让观展者身临其境体会展陈传达的信息，且可以带来精神上的共鸣和视觉上的感受。

2. 内容设计创新

在农业展示温室的展陈内容设计上，区别于博物馆的创新设计有农作物植物活体及不同生长阶段的展示，农机农具的应用场景展示及体验，农业生产活动、农业技术及民俗活动的体验结合相应展品展示，根据农业展览温室主导产业及不同观展人群创意设计主题展览，融入当地农耕文化特色等创新点。

3. 传播手段创新

相比传统展陈方式简单的展品展示、信息介绍等方式，结合多媒体互动设备进行展陈信息的多方式传达是新兴的传播手段。但不能为了增加观展者的体验感而过度使用多媒体设备，需要确定明确的风格和导向性设计，避免观展者因个人偏好而对展陈信息解读偏差。博物馆展陈内容传播手段的选择，要尽可能与展陈内容的取向相一致。

4. 视觉设计创新

视觉设计是展陈设计创新中比较容易达成的具体项目，融入当地特色文化及产业、技术，通过独特的符号设计、有逻辑的视觉传达，表达出不同项目别具一格的视觉系统。

八、无障碍设计

（一）建、构筑物

（1）建、构筑物入口为无障碍入口时，入口室外的地面坡度不应大于1∶50。

（2）建、构筑物入口设台阶时，必须设轮椅坡道和扶手。

（3）建、构筑物入口轮椅通行平台最小宽度不小于1.5m。

（4）入口门厅、过厅设两道门时，门扇同时开启后间距应不小于1.2m。

（二）坡道

（1）供轮椅通行的坡道应设计成直线形、直角形或折返形，不宜设计成弧形。

（2）坡道两侧应设扶手，坡道与休息平台的扶手应保持连贯。

（3）坡道侧面凌空时，在扶手栏杆下端宜设置高度不小于50 mm的安全挡台。

（4）不同位置的坡道，其坡度和宽度应符合表5-5规定。

表5-5　　　　　　　　　　不同位置坡道的坡度和宽度

坡道位置	最大坡度	最小宽度/m
有台阶的建筑入口	1：12	≥1.20
只设坡道的建筑入口	1：20	≥1.50
室内走道	1：12	≥1.00
困难地段	1：（8~10）	≥1.20

资料来源：《无障碍设计规范》（GB 50763—2012）。

（5）坡道面应平整，不应光滑。
（6）坡道起点、终点和中间休息平台的水平长度不应小于1.50m。

（三）通路、走道和地面

（1）乘轮椅者通行的走道和通路宽度应不小于1.2m，检票口宽度不小于0.9m。
（2）使用不同材料铺装的地面应相互取平；如有高差时不应大于15 mm，并应以斜面过渡。
（3）人行通路和建筑入口的排水箅子不得高出地面，其孔洞不得大于15mm×15mm。
（4）墙面伸入走道的突出物不应大于1.0 m，距地面高度应小于0.6m。
（5）在走道一侧或尽端与其他地坪有高差时，应设置栏杆或栏板等安全设施。

（四）门

轮椅通行门的净宽应不小于1.0m，乘轮椅者开启的推拉门和平开门，在门把手一侧的墙面应留有不小于0.5 m的墙面宽度，门扇在一只手操纵下应易于开启，门槛高度及门内外地面高差应不大于15mm，并以斜面过渡。

（五）楼梯与台阶踏步

楼梯与台阶踏步的宽度和高度应符合表5-6的规定。

表5-6　　　　　　　　楼梯与台阶踏步的宽度和高度要求

建筑类别	最小宽度/m	最大高度/m
公共建筑楼梯	0.28	0.15
构筑物楼梯	0.26	0.16
儿童用楼梯	0.26	0.14
台阶	0.30	0.14

（六）扶手

（1）供残疾人使用的扶手应符合下列规定：坡道、台阶及楼梯两侧应设高0.85m的扶手；设两层扶手时，下层扶手高应为0.65 m；扶手起点与终点处延伸应大于或等于0.30 m；扶手末端应向内拐到墙面，或向下延伸0.10 m。栏杆式扶手应向下成弧形或延伸到地面上固定；扶手内侧与墙面的距离应为40~50 mm；扶手应安装坚固，形状易于抓握。扶手截面尺寸35~45mm（直径或宽度）。

（2）安装在墙面上的扶手托件应为L形，扶手和托件的总高度宜为70~80 mm。

（七）轮椅席位

设观众席和听众席的公共区域，应设轮椅席位，轮椅席位设在便于到达和疏散的地方及通道附近；不得将轮椅席设在公共通道范围内；每个轮椅位占地面积不应小于1.10m×0.80 m；轮椅席位的地面应平坦，在边缘处应安装栏杆或栏板；在轮椅席上观看的视线不应受遮挡，但也不应遮挡他人视线；轮椅位数1~4个，可集中设置，也可分段设置，但应设无障碍标志，平时可用于安放活动座椅等。

九、体验性设计

体验性设计是从人对空间的真实体验出发，通过融合各种设计手法，创造使人们产生愉悦体验的人性化空间的设计实践（陈珊珊，2012）。美国心理学家马斯洛提出的需求金字塔理论（图5-2）包括5个层次：生理需求、安全需求、社交需求、尊重需求和自我实现需求。在体验经济背景下，受体验式消费的影响，人们的心理需求不仅仅局限于基本的生理、安全需求，而是不断向更高层次的精神需求发展。消费者将会追求物质之外的情感需求和精神需求，使自己获得更高层次的满足，在消费过程中更注重追求个性的实现、精神的愉悦以及情感的满足，他们渴望得到认可和尊重，并最终在消费体验中完成自我价值的实现。

现代农业展示温室作为农业多功能性展示的载体，涉及农业科技推广、自然资源保护、开展研学科普以及休闲体验等相关内容的策划和设计，应该更多与时代发展相结合，以创新、创意的展示方式，丰富的体验互动项目，满足消费者深度体验的高层次精神需求，通过互动性设计，强化现代农业展示温室的展示功能，增强吸引力和影响力。

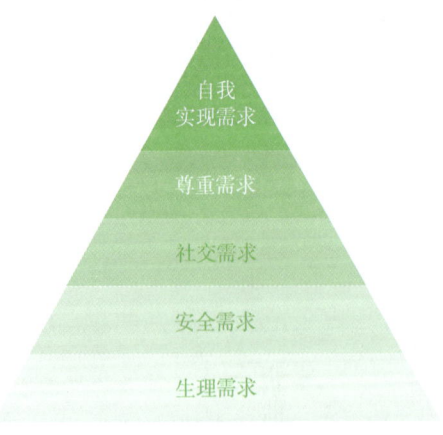

图5-2 马斯洛需求金字塔

(一) 设计原则

体验性设计的设计要点包括视觉设计、听觉设计、味觉设计、触觉设计、活动设计、情感设计等，现代农业展示温室的体验式设计着眼农业的各个方面，更具有人文关怀的属性，以人为核心营造展示空间。在现代农业展示温室的体验性设计过程中应遵循以下几个原则。

1. 以大农业为基础的原则

大农业即现代农业，是一个相对广义的农业概念，涉及农业的第一产业、第二产业和第三产业，包括种植、养殖等环节，还包括农副食品加工业、食品制造业、饮料制造业、木材加工业等第二产业，更涵盖了农民培训、观光旅游农业、休闲农庄、农业技术推广等服务产业。现代农业展示温室依托先进的农业技术装备，以农业产业为基础，紧紧围绕农业相关元素进行设计，重点突出农业的多功能性、农业产业链的广泛性。体验性设计应着眼于从种苗的认知到农产品加工产品体验的各个环节进行创意。

2. 人性化设计原则

参与体验的主体是人，体验性设计是人与展品的互动设计，所以在现代农业展示温室的策划设计中，体验性设计应以人为本，充分体现人文关怀。从体验心理学、人体工程学以及旅游心理学等角度，根据人体的需求，考虑设计节点的舒适性、方便性和趣味性。从心理学的角度，通过色彩、质感、声音等手段，营造展示体验空间，满足视觉、听觉、嗅觉、味觉和触觉全方位的认知需求，并关注人的休憩空间的打造。

3. 换位思考原则

换位思考原则可以理解为一种角色互换。以游客需求为导向，站在游客的角度，感知想要获得的体验，也可以通过调研的方式收集消费者对于体验项目的感知，优化体验性设计方案。

4. 与时俱进的原则

结合当前发展背景，引进先进的技术与设计理念。包括对于农业领域先进技术的把握，技术显性化的体验，新理念、新模式等的互动展示，引进声、光、电等先进的展示互动手段，跨界技术手段的融合。与时俱进的创新需要更包容和更广阔的视野，在农业领域通过高科技的体验互动项目，把握农业发展的前沿。

(二) 体验性设计手法

体验性设计理念较多地应用于博物馆的展陈设计当中。在现代农业展示温室基础上的体验式设计，更具丰富性和体验感，能够亲近植（作）物，能够真假结合，实现现实与虚拟世界的结合，更能够再现文化场景，给人以深度体验。

心理学研究表明，人们通过阅读方式能够记住大约10%的内容；通过耳朵倾听的方式能够记住大约20%的内容；通过亲眼看到的视觉方式能够记住大约30%的内容；进一步通过视听的双重方式能够记住大约50%的内容；通过语言阐述的方式能够记住大约

70%的内容；如果通过既说出同时又有行为参与的方式，则能记住大约90%的内容。因此体验性设计偏向于针对人们的多维度体验进行设计，更能发挥展示温室的信息传递效果。

1. 叙事性体验设计

"叙事性"即"叙述"，即将客观事物发展的过程进行陈述。叙事性体验设计是将展示主题或内容与空间环境结合，通过较强的逻辑序列，以一个合理的叙述过程对空间进行设计。随着参观的深入，受众对展示内容的理解也会不断深入，参观者可以在潜移默化中接收展示内容所传达的信息。

江苏省宿迁市洋河区的洋河农业嘉年华花卉展馆，以花卉产业为基础，以浪漫爱情为序列进行叙述，将场馆分为花之美、花之香、花之韵、花之姿（图5-3）四个主题区域，使人们对于花卉产业从生产到加工到相关旅游产品开发全过程进行认知，各个节点景观通过爱情故事进行演绎创造，让游人在观展的同时感受爱情的美好，给游客以视觉的冲击，花香四溢，沁人心脾，同时也给人以嗅觉美的享受（图5-4）。

位于河北省馆陶县的黄瓜小镇，则按照时间和空间序列进行叙述，以黄瓜作为主题元素（图5-5），从其起源、引种、传播路径（图5-6）、产业发展等方面进行设计，让

图5-3 花之姿

图5-4 精美花束

图5-5 狂欢主题景观

图5-6 传播路径

游客穿越千年感知黄瓜背后的历史故事，同时结合时代的进步，感受科技为农业带来的日新月异的发展。

2. 互动性科普体验设计

根据心理学的乐趣理论，人们可以根据自己的乐趣而改变自己的行为，当人们觉得参观活动是一种有乐趣的活动时，"乐趣"能让观众接下来的行为活动更有目的性。它可以激发"兴趣"的产生，并由"兴趣"继续引发"乐趣"，从而形成良性循环。"乐趣"可以让参观者对不感兴趣的展示部分产生兴趣，进而对展示内容进行参观探索，对展示信息进行接收。互动科普体验设计是将科普内容以互动的形式呈现出来，在科普过程中让游客与之进行互动，进而产生探索的兴趣，达到科普的目的。这种互动性体验设计往往是无动力、自主参与探索类型的装置。

参与式的活动指的是人们主动加入到一个项目中，通过活动的实践或者互动的方式获取知识的过程。在观众互动的过程中，人的感官是处在活跃的状态的，同时身体的各部位也根据互动活动处于不同的状态。因此在互动活动中，这种多方面感官活动可以让记忆不断深刻，也使得信息的传播更加高效，符合展示场馆科普教育的特点。

在展示设计中科普系统的交互式体验形式也越来越被人们所关注，自然博物馆、科普馆等不断融入到现代展示温室的设计中，并形成了一套互动展示性体验系统。

在博物馆和科普馆里面，互动体验设计较为常见，例如，西北农林科技大学博览园中的昆虫科普体验设计（图5-7、图5-8、图5-9），通过融合互动，更加生动地展示科普昆虫的运动、科普昆虫的器官等，使受众更加深刻地了解昆虫的运动习性，同时富有乐趣。

3. 色彩与造型的体验设计

不同的色彩吸引着人类的注意力，不同的色彩能够给人以不一样的心理体验。在现代农业展示场馆的设计过程中，通过各个分区以及节点整体色调的搭配，营造出不同的感受空间。根据色彩心理学，营造不同的设计效果。例如，黑色象征权威、高雅、低调、创意，也意味着执着、冷漠、防御；红色象征热情、性感、威望、自信，是能量充沛的色彩；粉红象征温柔、甜美、浪漫、没有压力，可以软化攻击、安抚浮躁；橙色富于母爱或大姐姐的热心特质，给人亲切、坦率、开朗、健康的感觉；介于橙色和粉红色之间的粉橘色，则是浪漫中带着成熟的色彩；绿色给人无限的安全感等。

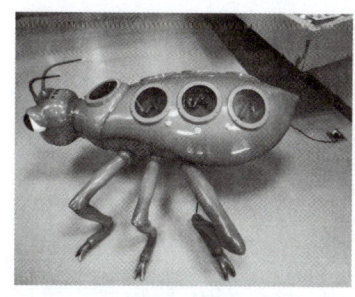
图5-7　昆虫是如何运动的

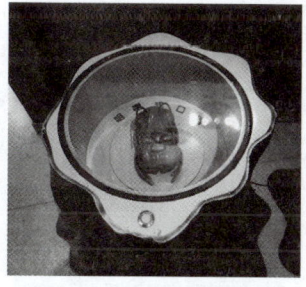
图5-8　昆虫的口器科普

图5-9　蚂蚁的科普

造型则是根据形状的心理学感受进行的设计，来实现展示的目的。形状心理学和色彩心理学一样，都是通过视觉来影响人们的意识和行为。不同的形状会带给人们不同的感受，并且有规律可循。因此，依据这些规律，可以通过不同的形状创造更具情感化和表现力的设计作品。例如：矩形能带给我们亲切、可靠和安定的感觉，但是缺乏变化；圆形代表了整体和和谐的概念，还会给人一种神秘感，可用来表达变幻莫测的场景主题；椭圆形要比圆形更具有趣味性，同时还象征着变化，常常可以在具有活力、多变的主题中看到；三角形的尖角形成了坚固、阳刚和有力的设计，通常和权力、科学、宗教、法律有联系。

通常在体验性设计过程中，色彩和造型的结合体现更多的人文关怀，赋予展品以感情。

4. 场景展示式体验设计

场景展示形式以人们的精神体验为切入点，针对某一展品的属性，根据其故事、传说、传统工艺等文化相关内容设定小场景，再现历史情愫。通过场景再现寻求画里画外的统一与协调，让游客感受返璞归真的氛围，感受劳动人民的智慧，感恩时代的发展（图5-10，图5-11）。

图5-10　养蚕场景

图5-11　豆腐制作场景

2016年二十国集团（G20）峰会在中国杭州召开期间，《中国日报》在门户网站和微信中推出了"马可·波罗重回杭州"的交互设计，人物的选取实现了历史与现实、东方与西方的嫁接。人们可以通过滑动手机屏幕，跟随马可·波罗走进现代化的杭州，欣赏西湖美景、摩天大厦，并与各国友人对话，体现了一种以场景的体验方式进行交互的宣传理念。

在自然知识展示的过程中，通过设定相应的展示场景，让受众有身临其境的感受，例如对于动物的展示，通常以动物的形象和相应的生活环境场景相结合，这样让观众更加深刻地记住和了解动物，同时也增加了展示的趣味性（图5-12）。

5. 多媒体手段的体验设计

多媒体，指组合两种或两种以上媒体的一种人机交互式信息交流和传播媒体。使用

图5-12 动物生活环境场景展示

的媒体包括文字、图片、照片、声音、动画和影片，以及程式所提供的互动功能。多媒体是多种媒体的综合，随着科技的发展，这种手段在展示设计中被普遍使用。多媒体手段的运用，能够更直观、更丰富地展示相关内容。让受众者身临其境地体验设计者的意图。近些年来随着人工智能（AI）的发展，虚拟现实技术（VR）、增强现实（AR）、混合现实（MR）等技术手段的研发不断深入，更加丰富了展陈的实施手段，由于这些技术的加入，创新了展示形式。

最常用到的表达方式便是虚拟场景，在特殊的环境内，人们运用听觉、视觉、味觉和嗅觉等多种能量去挖掘虚拟空间里的自我存在感。虚拟场景主要有互动过程真实化、虚拟角色真实化、显示屏幕真实化几个类型。

互动过程的真实化是指利用计算机技术，为虚拟的物体注入生命体的特征，从而实现和人的交互。这种交互方式可以为观者带来非常真切的感官上的体会，乃至产生错觉，亦真亦虚，现实与虚拟相互交错。虚拟角色真实化是指将本应存在于虚拟世界中的角色，甚至整个虚拟环境都搬入到现实环境中来。在这种情况下，人们既是作品的观赏者，又成为作品的主角，同时参与到这个有趣的互动过程中。通常，这类作品的虚拟对象是电脑游戏或者动画片中的角色。显示屏幕真实化，即将原本局限于电子屏幕上的互动装置作品转移到现实生活的场景里来，使互动装置的屏幕界面转变为实体。而作为屏幕的替代品，可选择的也是多种多样的，如建筑物的墙面、水幕等。不同的介质所显示出的效果也是各不相同的，使互动装置的艺术作品可以被运用到各种场合，从而呈现出丰富多彩的艺术效果。

国家博物馆《乾隆南巡图》第一卷《启跸京师》的展示结合多媒体的方式，介绍了作品的创作背景等有关知识，并使画作中处于静态的人物动了起来，让观众仿佛穿越时空跟随着画中人的脚步一起在画中游览（图5-13）。这种对画作影像处理的手法在传播信息的同时给参观者带来了良好的视听体验。

2019年北京世园会展示场馆中的中国馆，采用传统与现代化技术相结合的展陈形式，在历史文化展区"和而共生""祥和逸居""千里江山图"使用多达85台投影机，保证多媒体播放系统不间断运行，让观众尽享视觉盛宴，体验到"无处不自然、无处不园艺"（图5-14）。

图5-13 《乾隆南巡图》第一卷《启跸京师》

图5-14 2019年世园会中国馆视频展厅

第六章

现代农业展示温室案例分析

第一节 展览型温室

一、英国伊甸园（Eden）

（一）项目概况

2001年英国建成的伊甸园有"世界第八大奇迹"之称，是目前世界上最大的展览温室，也是植物园展览温室发展到现阶段的标志，体现出人类的观念由开发自然转入保护自然。伊甸园总面积达25.7万m^2，相当于35个足球场，最高处55m。"水泡"之称的伊甸园温室建筑面积22600m^2，由8个充满科幻色彩的巨大蜂巢式穹顶建筑构成，内部无立柱支撑。建筑师尼古拉斯·格林姆肖（Nicholas Grimshaw）将4个一组不同大小的圆球架贴挤成串，使得室内空间有更多的长向延伸。从长向剖面看，跨度长达240m。经由建筑师感性的重新拼接处理，无论室内室外，理性十足的圆球架建筑展现出奇特的风貌。温室分两个展馆，其中"潮湿热带馆"16000m^2，最高处55m，最大跨度110m，长度240m；"温带气候馆"6600m^2，最高处35m。温室的建成在能源、覆盖材料等方面很多采用了高新技术，如利用峭壁收集和储藏天然的太阳能提供能源，覆盖材料采用一种高新科技产品乙烯－四氟乙烯共聚物（ETEE），其质量只有同尺寸玻璃板的1%。

（二）项目特点

伊甸园温室是从废弃的陶土挖掘场上重新建设的仿自然生态园，栽培着从世界各国收集的大量植物，是世界上最大的环境保护和生物多样性陈列窗口。潮湿热带馆主要展示热带雨林景观和丛林土著文化：由于该区地形复杂，有瀑布和泻湖，地表土层含水量很高，相当于每年1500mm的降雨量，室内温度维持在18～35℃。馆内主要分为以下5个区：亚马孙区、大洋洲区、马来西亚区、西非区和南美区。其中亚马孙区的特色是使人们生动感受雨林中雨水的循环（雨林制造了雨，雨水又促进雨林的生长），雨林是地球上CO_2最大的收集器和贮藏器，雨林也是气候的调节器；大洋洲区则重点展示岛屿上的濒危植物如复椰子、圣赫勒拿乌木以及红树林；马来西亚区则围绕马来西亚民族特色房屋来展示一些作物和奇特的植物；西非区和南美区主要展示当地特有的土地经营管理方式和轮作方式。温带气候馆主要展示地中海气候条件下生长的植物群落，如地中海气候下的植物景观、法国南部的马基群落和加里哥宇群落以及希腊的橄榄沟、美国加利福尼亚沙巴拉群落。

（三）项目优点

总体而言，伊甸园温室由于采用利于大跨度的圆球穹顶结构，以及采用质量只有同尺寸玻璃板的1%的ETEE覆盖材料，其内部无立柱支撑，顶上单层网膜，为室内景观布展创造了良好的条件。在布展中，收集的植物真实展现了热带雨林和地中海气候条件下的植物群落面貌，集植物、生态、历史、文化为一体，以展示人类和植物的关系以及人类如何利用植物来实现可持续发展。

二、新加坡滨海湾

（一）项目概况

新加坡滨海湾花园坐落于新加坡闹市区的心脏地带，是新加坡的地标性建筑，于2012年6月正式向公众开放。园内标志性的"花之穹顶"和"云雾森林"是目前世界上最大的玻璃冷室，展示了地中海和热带山区的植物及花卉品种（图6-1）。这两个温室临海而建，以钢铁和玻璃为主要结构，最大程度上优化了观景视野，并加强了陆地和海洋之间的联系。

（二）项目特点

"花之穹顶"冷室占地1.2hm²，内部温度控制在23～25℃，相对湿度60%，布置有地中海盆地、澳大利亚西南部、南非、智利中部等不同地域以及不同季节、主题的植物展示（图6-2）。建筑设计采用了全玻璃网架结构。"花之穹顶"的内部空间利用充分，道路设计迂回曲折，不能轻易窥得全貌，让游客有一种柳暗花明又一村的感觉，立体栽培的景观上下错落有致，表现层次感也不失合理性，堪称立体栽培界的王牌。

湿冷型玻璃温室"云雾森林"占地0.8hm²，高58m，容量1200人，外墙面积

图6-1　新加坡滨海湾花园"花之穹顶"与"云之森林"温室鸟瞰图

图6-2　新加坡"花之穹顶"温室内部景观

12000m²，内部温度常年维持在23~25℃，湿度控制在80%~90%，如此严格的数据指标是为了维持温室内部的微缩高地云雾森林生态系统。高地云雾森林主要生长于马来西亚、南美洲和非洲山地区域，海拔在1000~3500m。来自海面的湿冷雾气常年笼罩着山峰，植物通过凝结的水汽吸收水分，并将之导回溪流、山地和湖泊之中，最终回归大海，行成水体循环。"云雾森林"温室内部将野外热带高地雨林的生态循环系统进行了数据分析和模拟，在巨大的贝壳造型温室花园内部构成相应的微缩山地雨林地形，在水体和气体的循环原理上实现了高仿真模拟（图6-3）。

图6-3　新加坡"云雾森林"温室内部景观

两座冷室内部主要由地板下的冷水管制冷，并通过控制夜间降温，诱发植物每3个月开花一次。冷室外表皮采用了复合式的结构并优化，确保将冷室内的日光照度峰值控制在45000lx。玻璃表皮外还增设了外部遮阳体系，感应控制以应对太阳光角度的变化。冷室采用干燥剂除湿以最大限度地降低制冷负担，其主要的驱动能量来源于生物质，由新加坡全岛范围内的园艺废弃物供给。这两座冷室全天候运行，但通过运用最新节能技术，比新加坡同等规模的商业建筑减少能耗30%。冷室的能源中心是滨海湾花园中部的超级树林，高25~50m的人工超级树容纳了冷室的服务设施，从高于游客步行能达到的区域排走冷室多余的湿热空气。冷室安装有太阳能收集装置，并利用生物质产生热及电能，为冷室内可调节温度的冷却水环路提供动力。同时还设有餐厅及观景平台，构筑起独特的竖向空中花园，成为新加坡人们生活、工作、休闲的核心地带。

（三）项目优点

两座矗立在新加坡滨海花园的贝壳形温室，代表着城市展览型温室新的发展方向——创造可持续的大型温室景观，从设计思路到内部节能系统的采纳，处处都体现着生态建筑的基本特征:"生态建筑应当表现生态设计,生态设计应当表现可持续发展"[①],充分体现了新加坡人民对环境保护的高度重视。从花园城市到花园里的城市,在人口如此高密度集中的国家,新加坡依旧坚持着提高城市绿化率、创造高质量生活的高标准城市发展理念,值得我们思考和借鉴。

三、北京植物园万生苑

(一)项目概况

北京植物园展览温室在2000年建成,建筑面积9800m^2,共展示热带亚热带植物3100多种,展览区分别为热带雨林、四季花园、珍奇植物、仙人掌和多肉植物等。展览温室造型优美舒展,气势宏伟的外观以"绿叶对根的回忆"为设计构想,独具匠心地设计了根茎交织的倾斜玻璃顶棚,远远望去宛如西山脚下的一颗明珠。根据对世界各地展览温室的分析与研究,在平面布局上,展览温室主体展区采用便于管理、利于节能的集中式布局。结合我国及北方地区的特殊环境和条件,最终将展览温室划分为热带雨林、沙漠植物、兰科和菠萝及食虫植物、四季花园四个展区。

热带雨林室展览面积1300m^2,种植有热带雨林植物1000余种,在有限的温室空间内,通过对热带雨林植物的巧妙配置,形成了人工建筑内的微缩雨林景观,气生根、板根、老茎生花、附生、绞杀、木质大藤本等热带雨林奇观均通过植物配置与园林小品在展区内得到充分展示。

沙漠植物室展示面积1000m^2,种植有沙漠植物1500余种,按照柱类、球类、芦荟、园艺栽培种进行分区种植,其中搜集栽培了多种仙人掌和多浆植物类及具有较好观赏价值的沙漠植物。

兰科、凤梨及食虫植物室展示面积为800m^2,种植展示兰科、凤梨科、食虫植物等具有奇特观赏价值的植物,如热带兰、中国兰、空气凤梨、水塔花属、羞凤梨属、瓶子草、猪笼草等,植物配置十分丰富。

四季花园区展览面积3400m^2,主要布置热带观花观叶植物,结合小桥、流水、瀑布、山石、木栈道等,形成四季开花的南国景色。

展览温室内部环境实现了计算机调控,开启了中国智能化设施最完善的景观展览温室的先河。

(二)项目不足

(1)采用大型空间内部隔断的集中布局形式,虽有利于管理、节能,但不利于气候调控和植物生长。跨度过大,在室内有立柱支撑,不利于景观空间营造,使得空间变化

---

① 布赖恩·爱德华. 可持续性建筑 [M]. 周玉鹏,宋晔皓,译. 北京:中国建筑工业出版社,2003.

不够丰富。

（2）植物展示比较单一，展示内容及展示形式不够丰富。

（3）展览温室在游览路线组织上局部显得不够流畅，尤其是在游人相对集中的节假日，问题显得更为突出。

四、广州华南植物园展览温室

（一）项目简介

2008年建成的华南植物园展览温室群，建筑面积10839m^2，其外形犹如广州市花木棉花。室内植物布展充分展示千姿百态的植物多样性及景观布局的一致性，同时还注重源于自然、高于自然的景观及植物配置创作理念，体现"虽自人工，宛若天开"的效果，达到了建筑、植物及周边环境的协调以及三维空间的完整性。温室群三面环水，由矗立在水面上的四个温室组成，分别是主体温室——热带雨林室，以及三个附属温室——沙漠植物室、高山/极地植物室和奇异植物室，它们就像"漂在水上的木棉花瓣"。而且各温室由水道相连，气势恢宏，别具一格。四大温室与室外景观遥相呼应，浑然一体，展示了奥妙无穷的世界植物奇观，形成了集世界植物大成的"世界植物博物馆"，诠释了植物王国的神秘与梦幻。温室群景区集植物迁地保护、科学研究、科普旅游于一体，具有优美的园林外貌、丰富的科学内涵和深厚的文化底蕴，向公众展示了全球植物生态类型，是广州市标志性建筑和最富特色的园林景观，也是亚洲规模较大的植物景观温室群之一。

（二）项目优点与不足

1. 优点

由独立温室组成的温室建筑群体，有利于气候调控及植物的生长。

2. 不足

（1）植物展示比较单一，展示内容及展示形式不够丰富。

（2）展览温室景观的开发潜力不够，旅游观光空间不丰富。

（3）展览温室景观与环境调控设施不够协调。

五、上海辰山植物园展览温室

（一）项目简介

上海辰山植物园位于上海市松江区佘山国家风景旅游度假区内，是上海市政府、中国科学院和国家林业局于2011年合作共建的一座集科研、科普及休憩于一体的综合性植物园。整个园区占地面积207hm^2，由中心展示区、植物保育区、五大洲植物区和外围缓冲区四大功能区组成。展览温室位于中心展示区内，总面积12608m^2，由热带花果馆、沙生植物馆和珍奇植物馆3个单体温室组成温室群，是目前中国最大的展览温室。展览温室的建筑形态独特，采用弧形的大跨度铝合金单层网壳结构，三角形分块夹胶玻璃覆盖，温室内采用自动气候控制系统，为世界各地的植物创造了适宜的生长环境。

热带花果馆是辰山植物园三个温室中最大的一个，面积5521m^2，室内最高处达21m，分为风情花园、棕榈广场和经济植物区三大区域，种植了600多种植物，其中花卉100多种，以及多种热带果树等经济植物。

沙生植物馆面积4320m^2，室内最高处达19m，是目前全球温室内面积最大的沙生植物馆。主题是"智慧用水"。分为美洲植物区、非洲植物区和澳大利亚植物区等，集中展示了美洲、澳洲和非洲等地多肉植物1000余种（图6-4）。

珍奇植物馆面积2767m^2，室内最高处达16m，展示的主题是"生存与进化"。展示自然界在生存进化过程中所留存的珍奇植物，如食虫植物、蕨类植物、兰花等。整个展馆种植了1400多种奇特植物（图6-5）。

（二）项目优点

（1）主题功能　从单纯的植物展示到以植物生境为基础，结合景观需求、植物与人亲近的要求，体现出它是一个集游览、科普为一体的以展示人类和植物的关系以及人类如何利用植物来实现可持续发展目标的寓教于乐的游览场所。

图6-4　上海辰山植物园沙生植物馆内部景观

图6-5　上海辰山植物园珍奇植物馆内部景观

（2）空间营造　从有利于环境控制及植物生长考虑，展览温室由大型展览空间到独立空间组合群体温室成为一种趋势。辰山植物园展览温室运用旷奥空间理论和展示空间设计手法，将空间按照旷奥变化有节奏地进行分割；通过时空联系，借景、漏景、对景、障景传统空间理法及视线与路径错位关系，将各个分割空间联系成完整的空间序列。基于展馆空间的局限性，在设计中运用曲径通幽、空间形状变形及空间尺度的衬托对比，在有限的室内空间创造大空间景观；基于空间展览特性，在设计中通过展品与空间相互介入，运用多媒体技术，以展品植物为主构成植物生境，创造了一个现代寓教于乐的场所。

（3）植物选型及配置　展览温室的植物选择以"珍""奇""特""大"为标准，以植物多样性为目标，收集来自不同地方的丰富多样、美丽奇特的植物。基于展览温室科研及展览特性，在植物配置上，通过精致细腻、变化奇特的手法，模拟异域植物的生活环境。

（4）材料运用　采用有利于植物健康生长、适应室内特殊气候、为植物创造舒适的原生环境的材料，同时由于温室建筑还有较强的行业性特点，在景观大型土木工程中，结构及材料的设计需满足展馆约束的要求。

（5）环境控制设施处理　环境调控设备是温室必不可少的硬件，通过地形、植物的遮挡隐藏与包装，使之与整体景观环境有较协调的效果。

六、经验与启发

与国外著名的展览温室相比，我国展览型温室发展起步较晚，在温室配套设施、景观布展设计、植物品种收集上还存在较大差距。随着社会的不断进步，公众对展览温室的关注度及要求都越来越高，原有传统的景观性、趣味性、游览性、观众参与度不够的景观已经不能满足公众要求。因此，景观布展设计需要突破传统，借鉴国内外先进的设计理念，不但要从温室的功能要求和设计者的理念出发，还要结合植物原生地的气候特征和群落组成特性等，利用景观性辅助设施，来表达科学与艺术的完美结合，既满足植物对环境的生态要求，又要通过艺术构图体现出植物个体及群体的形式美，以及人们在欣赏时所升华的意境美。

（一）温室规模与空间划分

随着科学的进步和温室种植经验的丰富，展览温室逐渐形成建筑分离或建筑一体而室内空间分隔的两种温室群，通过对以上国内外著名展览温室的比较分析发现：两个国外展览温室都是建筑分离，我国除广州华南植物园展览温室外都是建筑一体而室内空间分隔。建筑一体而室内空间分隔虽然节约早期建筑的造价，但是不利于后期环境控制与设备运营，导致植物生长不良。目前国际上选择建设独立空间的温室群建筑成为一种趋势。

（二）展示主题

以上国内外展览温室展示的主题似同又非同，既有一些共性的东西，如热带雨林、四季花园、沙生植物等，又有一些个性的东西，如专类植物、高山植物、极地植物等。主题的多种多样，带来植物的选择与配置也带来各不相同，既要突出特色、风情、文化底蕴，又要遵循景观规划的原则、原理和方法。展览温室建筑的设计和展示主题完美契合也是未来发展的趋势。

（三）植物品种

纵观国外著名的展览温室，以丰富的植物取胜。无论温室从属关系如何，都极尽所能搜集某一展示主题的植物。如英国伊甸园内容纳了来自世界各地不同气候条件下的数万种植物，其宗旨是展示植物与人类的关系以及人类如何依靠植物进行可持续发展，被誉为"通往植物与人类世界的大门"。反观国内展览温室，基本品种都处于3000种左右，而且近二十年来，这一数字几乎维持原状，与我国被誉为"园林之母"的身份极不相称。

目前我国展览温室局限于简单的植物展示，单纯地将各种展示植物按其特殊的生物学特性进行糅合，温室的整体景观不够理想，不具备较强的吸引力，因此温室的景观设计建造水平还有待提高。

（四）布展设计

目前我国展览温室景观布局方面较为雷同，缺乏自身特色，旅游观光空间不丰富，未能很好满足游人的游览需求；与国外相比缺乏时代性和时尚感，现代布展设计手法不足；展览温室的景观与环控设施协调性不够，两者的布置关系还有待于进一步设计。新加坡"云雾森林"温室山体空间的布展内容十分丰富，如山顶部分的"迷失世界"代表着在地球暖化过程中逐渐消逝的云雾林；山壳第四层的岩洞和晶石峰展区，人们可以从不同造型的"岩石"信息提示板及立面的墙壁上了解到高山植物链的组成和生长环境、野生动物种类和地球形成史以及各类矿石；"地球检验室"则通过一个半封闭的多媒体影像室，展示了世界各个国家二氧化碳的排放量和能源消耗值，海平面上升对城市的危害以及全球变暖过程，引人深思；地底一层冷水池旁的"+5℃秘密花园"是一个温度升高体验室，展示冰川融化、海平面上升带来的各种自然灾害对人类居住环境的影响，海啸之后被摧毁的人类家园的图片被一张张显示在屏幕上，与此同时室内温度被逐渐升高，坐在模仿南极冰山环境的座椅上，游客仿佛感受到了冰川融化带来的直接后果。通过多媒体技术的运用，"云雾森林"展览温室以灯光、电子显示屏等多种现代媒介技术为游人直观形象地展示了主题相关内容，为游客提供了丰富的现场体验机会。

第二节
高科技农业展示温室

一、山东莘县中原现代农业嘉年华

(一)项目概况

项目地位于山东省聊城市莘县,整个嘉年华场馆建筑总轴线面积74688m², 其中包括8个主题场馆(图6-6,建筑总轴线面积55296m²)、1个育苗温室,1个高效栽培温室和连廊,育苗温室和高效栽培温室的建筑轴线面积均为6912m², 连廊的建筑轴线面积是5568m²(图6-6)。场馆主题紧紧围绕山东省的农业主导产业,贯穿生态、绿色理念,以食用菌、养殖、农耕、蔬菜、花卉等当地资源为主题进行展馆景观设计(表6-1),融入当地伊尹文化、养生文化、农耕文化、燕塔文化、运河文化、红色文化,结合科技、农业景观打造属于莘县的品牌农业嘉年华。

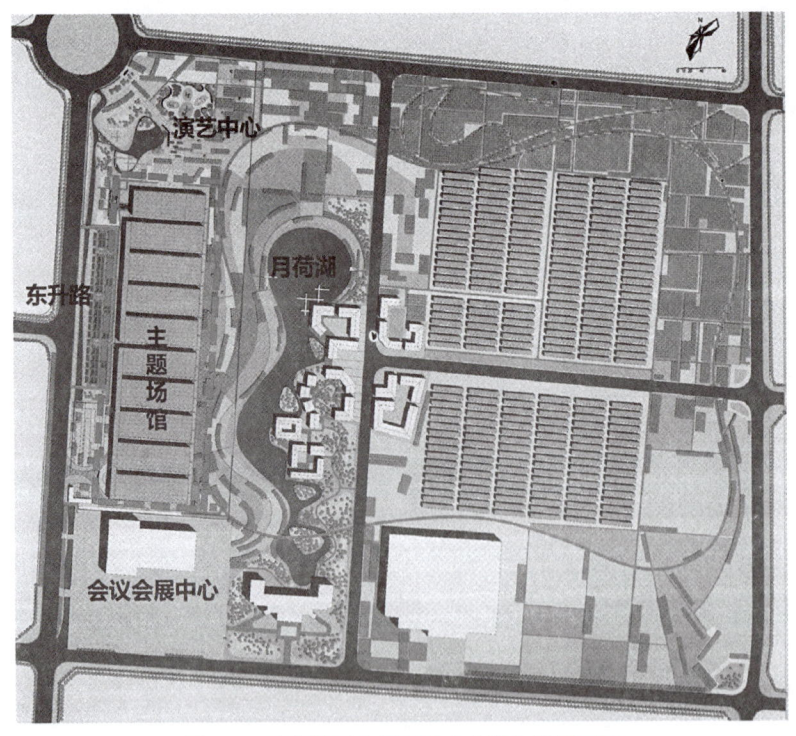

图6-6 山东莘县中原现代农业嘉年华平面图

表6-1　　　　　　　　中原现代农业嘉年华内产业对应场馆主题列表

支柱产业	蔬菜	食用菌	农耕历史	水果	花卉	水	中药	畜牧	蔬菜	蔬菜
对应场馆主题	蔬韵高科	菌倾天下	农耕年华	南果蜂情	花彩盛宴	鱼水情莘	百草养堂	青牧时光	高效栽培	工厂育苗

（二）项目特点

1. 与产业结合上的创新

莘县农业嘉年华融合了一、二、三产业，将农业、文旅、地产结合起来，集莘县所有特色为一体，为整个产业的聚集提供引爆点，以点带面带动整个区域的发展。

针对莘县食用菌产业，设计了"菌倾天下"主题场馆，通过景观、实物、图片、声光电技术等表现形式，多角度阐述食用菌的相关知识，介绍菌类的栽培、加工技术以及莘县食用菌产业等，结合丰富多彩的互动体验项目，带游客走近食用菌、了解食用菌，并通过新品种、新技术的引入引领莘县食用菌产业发展。

"畜牧"产业在当地也有着举足轻重的地位，并且"畜牧"馆也是其他地区农业嘉年华没有的主题场馆，是莘县农业嘉年华的创新之处。莘县养殖业发达，是全国著名的"鲁西黄牛原产地""小尾寒羊主产区"和"中国小肉鸡之乡"，畜禽养殖规模全国最大。该场馆主要是引领现代的科技养殖技术和模式展示，介绍了生态农庄养殖模式场景、福利养殖模式场景、现代化数字养殖模式场景、特种养殖技术、莘县特色养殖产品和设备、养殖产业发展历程等，使游客对养殖业有一个全面的认识，同时对莘县畜牧业起到引领示范作用。

2. 农业嘉年华创新技术应用

（1）物联网技术的应用　各个场馆内有温度传感器、湿度传感器、二氧化碳传感器、光照传感器、网络摄像头等，最终收集的数据汇总于网络云平台，根据数据进行整体场馆植物长势情况的分析、病虫害的预防、提高生产效率。

（2）水培技术的应用　水培技术是指植物大部分根系生长在营养液液层中，只通过营养液为其提供水分、养分、氧气，有别于传统土壤栽培的形式。水培植物生长周期短，富含多种人体所必需的维生素和矿物质，该技术多种栽培形式的展示引起了广泛的关注。

（3）光伏发电技术的应用　光伏发电是将太阳光辐射能直接转换为电能的一种新型发电系统，本项目利用此技术进行发电提供给场馆各个用电单元使用。

（三）项目效益

莘县农业嘉年华采取科技依托型的运营模式，依托中农富通园艺有限公司的技术和科研能力带动当地农业产业升级，并以农业科技为基础，引进新品种，结合当地历史文化，再辅以景观小品，打造了蔬菜、果树、花卉、农耕等多个主题的综合型园区，不仅集中展示了现代农业技术，发挥了独特的科普教育作用，还极大地促进了当地农业旅游产业的发展。

莘县农业嘉年华经营者每个节假日都组织举办节庆活动，二月开展灯光节、郁金香画展；三月开展"女神节"；四月开展瓜菜菌博览会；五月开展劳动节、母亲节活动及"公益助教""相亲会"；六月开展端午节、父亲节、毕业季活动；七月开展"农耕文化节"；八月开展"七夕嘉年华"；九月开展中秋节、教师节活动；十月开展"嘉年华超级影院"；十一月开展"菊花展"；十二月开展"草莓节"。月月有节日，带动了嘉年华的人气，也为附近居民提供了休闲好去处和丰富的文化生活。

二、江苏洋河农业嘉年华

（一）项目概况

洋河农业嘉年华项目位于江苏省宿迁市洋河新区，处于洋河国家农业公园核心区，规划面积567亩（图6-7）。项目集农业生产、农业技术研究、科技成果转化、农民教育培训、农业科普主题乐园、乡村品牌物产销售为一体，形成了产学研用融合、一二三产融合、科普娱乐融合的大型农业产业综合体。项目由嘉年华农业主题乐园、品牌体验店、生态体验餐厅、研发中心、育苗温室、专家公寓六大部分组成，温室面积83182.08m²，其中游客中心4915.2m²，8个主题场馆面积64404.48m²，生态餐厅6451.2m²，育苗温室7411.2m²。

图6-7　江苏洋河神农时代农业嘉年华鸟瞰效果图

（二）项目特点

嘉年华农业主题乐园以自主创作的动漫IP"神农时代"为主题，以居住在古黄河中下游的华夏先祖之一神农氏有关农耕起源的故事为背景，以华夏5000年农耕文明为主线，贯穿蔬菜馆、谷实馆、棉麻馆、花卉馆、果树馆、中药馆、生态馆、沙漠馆8个场馆以及1个室外萌宠乐园。园区年运营周期360天，展示动植物品种达1300种，现代农业高新技术250项，栽培模式50种，互动娱乐项目30余项。

（1）8个农业主题展馆涵盖江苏省主导农业产业，以科技为支撑、以文化为纽带，坚持农旅融合发展新路径，创新创造发展成果，带动产业转型升级，是集农业观光、亲子娱乐、休闲度假、科普教育等功能于一体的农旅融合典范，引领了未来农业发展方向。

（2）品牌体验店展销的是洋河本土物产，这里是"一村一品"对外输出品牌端口，旨在打造洋河本土、手工精造、天然有机的"洋河新生活"品牌形象。品牌与国内外十余位知名设计师合作，产品生产以设计为引领，以农村、农民为主体，皆产于洋河本地。店内产品涵盖家居、日用、装饰、艺术、生鲜等多领域近1000个品类。

（3）生态体验餐厅既是一处乡土特色餐厅，也是洋河农产品的体验端口，所用物料、调料都产自本地，所有体验都有相应的产品转化。

（4）研发中心、育苗温室、专家公寓作为项目的重要配套组成部分，承担农业技术研究、科技成果转化、育苗实验、农产品检测以及农民教育培训的职能。

（5）风情商业街以洋河当地民俗文化为主题建设，以地域美食、特色购物为主要体验项目，结合主题美食节、特色节庆活动、国内其他嘉年华园区的特色活动，形成休闲与美食互动的特色商业模式。

（6）"花喵喵"萌宠主题乐园是一个集游乐休闲、亲子互动、科普教育、萌宠表演于一体的华东特色萌宠主题乐园。憨态可掬的小松鼠、呆萌淘气的小兔子、优雅高大的长颈鹿等一系列萌宠，极大地满足了游客"亲近动物、热爱自然、亲子互动"的感官体验和认知体验。

（三）项目效益

洋河农业嘉年华开园后通过微信公众号、今日头条、宿迁零距离APP、洋河农业嘉年华网站、抖音视频等多种现代化传播媒介提升品牌形象，同时针对各个节日特点策划相应活动，配合各个部门提升景区影响力，及时高效地设计出符合园区形象的宣传产品、节日海报、成果展示展板及宣传单页等。2018年4月29日，洋河农业嘉年华正式开园运营。两年多来，园区秉承科技兴农导向，坚持农旅融合发展，通过内部提升质量和外部加强宣传内外发力，在推动洋河农业创新发展和旅游多元开发方面做出积极探索，取得显著成效。

1. 聚焦乡村振兴，引领服务"三农"

2018年"首届宿迁市农民丰收节"和"第八届中国县域现代农业发展高层会议"两大"三农"主题盛会先后在园区召开，向国内外"三农"领域专家学者和社会各界展现了洋河农旅融合发展的骄人业绩，描绘了乡村振兴的美好宏图。产业富民惠民取得明显成效，累计培训各类农民2000人次，直接带动就业、创业800人次。

2. 坚持农旅融合发展，提升区域品牌影响

项目区坚持品牌推广和内涵提升并举，策划打造乡村休闲、亲子研学、萌宠娱乐等新兴产品，积极推动洋河旅游提品增效。截至2019年5月，累计实现游客接待80万人次，旅游经济收入2000万元，成功获授"国家AAA级旅游景区""全国休闲农业与乡村旅游星级企业（园区）"、艾蒂亚"中国最佳乡村旅游项目奖"等称号，入选"江苏人游江苏"旅游线路，并被纳入2019年宿迁市旅游年卡。项目区累计接待各类政务、商务考察400余批次，不断彰显出强劲的品牌价值，有效提升了区域形象和社会影响力。

3. 发挥科技创新优势，积极服务社会发展

洋河农业嘉年华立足自身优势，坚持拓宽领域、面向社会，致力推动校企合作联动。一年来，先后牵手宿迁学院、宿迁高等师范学校、淮安生物工程高等职业学校等市内外近10所高等院校，合作成立学生"实践教学基地""就业实习基地"和农民培训基地，科技兴农富民、服务社会发展的综合运营效益彰显。

4. 关注中小学生群体，精塑农耕主题研学品牌

开园以来，园区独特的资源、美好的景观成为中小学生及幼儿青睐的娱乐空间、研学课堂，累计接待中小学、幼儿园学生23万人次，获批"宿迁市中小学生研学实践教育基地""宿迁市少工委红领巾校外实践教育基地"。园区紧扣"农耕教育实践"主题，针对幼儿、小学、中学等学龄段积极开发系列研学产品，并已陆续上线。

三、山西大同农业嘉年华

（一）项目概况

大同农业嘉年华位于山西省大同市平城区东北方向，项目地西邻御河，东临普音寺，南侧以国道109为界，规划设计面积为355.4亩（图6-8），温室设计总面积66442.2m^2。

（二）项目特点

1. 在表现农业科技的同时突出强调体验感

项目区距离大同古城直线距离为7.2km，与市区较近的距离和便捷的交通为嘉年华的设计提供了很好的条件，也提出了新的挑战。

项目设计在表现农业科技的同时对"周末经济""研学经济"市场进行抓取，提供备受家庭青睐的轻松休闲"微旅游"产品。项目的愿景是"创新与打造全国最佳体验感

第六章 现代农业展示温室案例分析 139

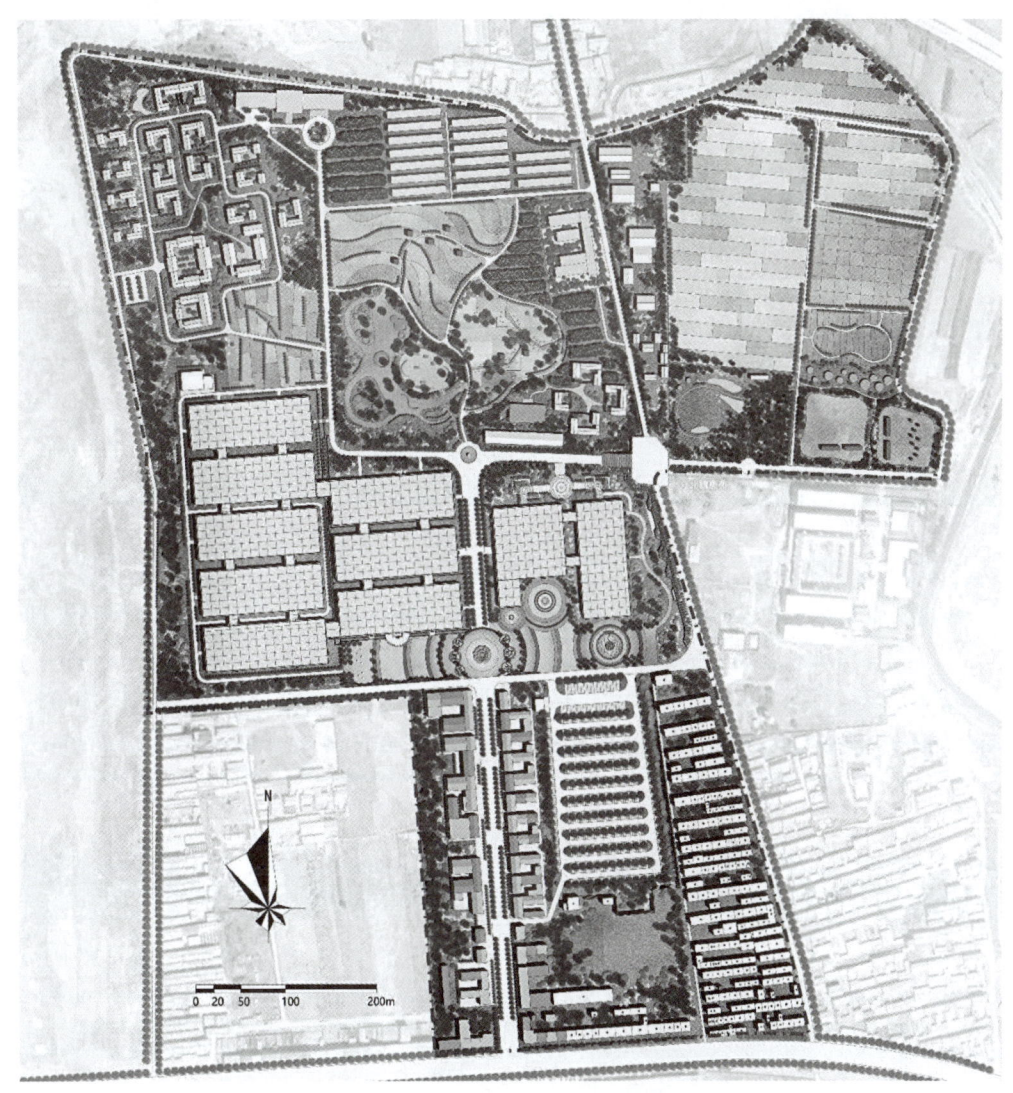

图6-8 山西大同农业嘉年华平面图

农业嘉年华"。大同项目结合当地农业主导产业，在保留蔬菜、花果、农耕、中药、水科技等常规性主题外根据体验感愿景的要求，创新设置了自然匠人馆和奇趣萌宠馆。

（1）自然匠人馆　自然匠人馆又名体验馆，场馆内集中设置体验活动（图6-9），根据活动主题打造需要的空间，营造相应的氛围，同时与大同市周边各类非物质文化遗产、农业组织合作，扩大知名度，吸引更多的人到匠人市集中来，打造了一个融合自然艺术分享平台、线上原创商店、线下手艺课堂和农业文创市集的美育空间。

活动内容分为农业科普体验、非遗项目体验、当地饮食制作与品尝体验、书院文化体验4大类，设置互动场地12个，活动20余项。

图6-9　自然匠人馆活动体验场所

（2）奇趣萌宠馆　立足山西宠物行业产业链、牧草型饲料产业链、宠物食品产业链的经济发展模式，扩大当地农作物需求，带动当地农业加工企业转型，促进当地物流和电商行业的发展。奇趣萌宠馆根据动物的生活习性和相关特征分为宠物谷仓、抱抱牧场、呆萌田野（图6-10、图6-11）、家宠乐园四个区域；推出线上"宠物领养"与线下"家宠俱乐部"板块，为大同市爱宠人士、亲子家庭构建起志同道合的交流平台。

2. 尝试多种创新设计表现手法

（1）景观设计立体构成的应用　蔬菜馆第一次将栽培设施结合景观设计立体构成，打造超高蔬菜无土栽培竖向空间，并设置二层玻璃观光平台，增加体验感，得到游客的一致好评。

（2）仿生设计的大量运用　①自然匠人馆中的"魔法课堂"，打造模拟蘑菇生长的空间，构筑物贴面和地面材质呈现出原木与森林的状态；②奇趣萌宠馆入口的雕塑是设计师对实物进行艺术化抽象提取形成二维特征线后，再进行实体化处理后形成的三维仿生产品；③草本之恋用多个放大的黄芪根雕塑形成黄芪林，其后用浑源黄芪断面做遮挡，给人以穿梭在植物根茎之中的体验，形成空间仿生。

（3）产业链的融入　项目以产业链科普作为嘉年华设计的一项重要内容，以景观互

图6-10　奇趣萌宠馆松鼠家园　　　　　　　　图6-11　奇趣萌宠馆兔窝镇

动或科普展板的形式向大家进行介绍。

（4）构筑物门头的设计　首次将以往项目中展会形式的大门头设计成构筑物的形式，在效果方面与温室形成更统一的整体，在实用性方面延长了使用年限。

(三) 项目效益

山西大同农业嘉年华自然匠人馆、萌宠馆等新功能主题展示场馆的创新与尝试，是农业嘉年华发展历程中的一次重要突破，在拓展现代农业展示温室功能方面迈出了重要一步，也为后续类似项目的策划提供了良好的借鉴。

在运营方面，当地政府和中农富通成立合作运营公司共同运营。其中奥特莱斯和生态餐厅不收门票对外开放，主题场馆采取门票收费形式，场馆内设置二次收费项目。目前暂不对入住商户收取租金，以流水百分比收取管理费的模式实现风险共担。在旅游旺季，商户入住率100%，采取无现金全线上收款的管理模式，此模式具有较好的适应性和推广价值。目前大同农业嘉年华项目门票等的销售渠道已打通，整体运营状况良好，从2019年7月19日开园到2019年11月30日，接待游客量为15万人次，门票销售总额650万元，已逐步实现盈利。

四、江苏金湖水漾年华农业创意温室

(一) 项目概况

金湖水漾年华现代农业高科技示范园位于金湖县闵桥镇荷花荡风景区内，占地面积约36万m^2。温室总设计面积64484.4m^2，其中5个农业主题场馆面积35406.8m^2，运营配套场馆育苗工厂面积6009.6m^2。

(二) 项目特点

项目水主题农业创意温室区展馆围绕水科技，挖掘淮安、金湖的农业特色资源及历史文化，选定水生植物、蔬菜、农耕、水产、水文化五个主题进行场馆内景观设计，并配有供参观的育苗温室，以全新的方式诠释了江苏金湖农业主导的产业特点及文化，集示范、体验、会展、节庆、文创经济功能于一体，集聚科技、信息、人气，是我国第一个正式对外开放的"以水为主题的农业嘉年华"，也是第一个进行水循环利用设计并施工、实现园区污水零排放的农业嘉年华。

1号水生植物主题荷风化雨展示馆（图6-12）以植物中的水循环为主线，通过具有独特水环境的三种生态系统——热带雨林、湿地、荒漠——场景模拟，凸显植物在水循环、水生态中的重要价值。场馆主要面向青少年群体，进行生态教育及科普，体现水源涵养、水体净化的重要性。景观的打造独具特色，包括重力流循环水系、仙土水生基质的应用以及反季节荷花栽培与展示。该展馆建筑采用中部造型温室、两侧标准型温室的设计方案。中部造型温室屋顶充分结合荷花荡景区特色，采用"荷叶"造型，整体连成

图6-12　金湖水漾年华荷风化雨馆外景效果图

一片，向中间凹陷，兼具集雨功能，实现水的净化循环利用；另外增加屋檐、门头设计，整体给游客一种宏大、开放、舒畅的感觉，并通过两侧温室整体跨度缩小，增加1号主题场馆立面的立体丰富度。中部造型温室在功能上既能满足主入口营造高山雨林景观的需求，又能满足游客通过旋转楼梯登上雨林观景台欣赏温室外风光的需求。荷风化雨馆是在传统农业嘉年华高科技展示温室标准型建筑设计以及主题上一次新的尝试和成功突破。

2号匪艺嘉蔬展示馆以水生蔬菜为主题，生态、高效、科技、创意为基调，通过多种水培栽培模式、立体水上农业的展示、造景，进行产业引导，以水生蔬菜为基底，展示传统蔬菜生产重视产量及品质、现代蔬菜生产重视安全和营养、未来蔬菜生产重视高效和生态的发展趋势。3号水衍农耕展示馆以淮水衍生的水耕文明为主线，立足不同历史阶段的传统灌溉工具、水力生产工具、水耕文化体验活动等，展示淮河流域水耕文化的起源、粮食文化的发展、经济作物的利用及民俗文化的繁荣。4号淮畔渔歌展示馆以鱼与人类的关系为主线，通过原始猎捕、人工养殖、认知观赏场景展示鱼在人类历史进程中的演变，通过鱼类挂图展示的水产约有1000种。5号水意尧乡展示馆则以水与人类的关系为主线，分为楼兰记忆——惜水、山水情深——享水、水科探秘——探水三个主题区，契合金湖当地的文化特色及民俗艺术，独具韵味的景观设计和游赏空间。6号育苗温室尝试设计并实施了专用参观通道，保障了生产区不受干扰。

农业创意温室展区通过技术推广、品种展示、教育科普、内容培训等形式，汇聚了国内外先进技术，对于引领农业科技、促进金湖农业产业结构升级及区域水产相关行业提档转型升级有着非常重要的意义。

(三)项目效益

(1)金湖水漾年华与荷花荡一体化运营,夏时令荷花荡景区与水漾年华共同开放,冬时令水漾年华项目开放,水漾年华为金湖提供了一个全年可接待游客的场所。水漾年华对荷花荡景区、金湖当地全域旅游项目进行内容和游览时段的补充与提升,实现带动沿线地区经济、社会、文化、生态、效益的全面提升。

(2)金湖水漾年华集结了100项农业高新技术,60项农产品加工工艺,40个农业高科技产品及150项主题活动,是荷花荡风景区的核心引爆项目,可以作为金湖科普宣传教育的重要基地,担任对公众普及农业、水产业、植物等科学知识的重任。

(3)金湖水漾年华的建设、运营为社会提供了大量的工作岗位,帮助推进了农村富余劳动力的转移。同时高科技特色蔬菜的种植,还能带动一大批农民走上科学化、规模化的农事生产道路。通过搭建科技集聚推广平台、科技会议培训平台、农业企业孵化平台等,引领当地现代特色农业转型、带动高科技蔬菜产业发展。并且融合一二三产发展、区域资源联动发展,推动金湖县产业结构调整,助推社会经济的发展。

(4)异形高科技农业展示温室的尝试为打造更引人入胜的景观提供了可能性,是未来此类项目的发展方向。

五、中国(寿光)国际蔬菜科技博览会

(一)项目概况

中国(寿光)国际蔬菜科技博览会(简称"菜博会")创办于2000年,是由农业部、商务部、科学技术部等部委与山东省人民政府联合主办的,每年4月20日至5月20日(2013年起至5月30日)在山东寿光蔬菜高科技示范园定期举行。截至目前菜博会是经商务部正式批准的国内唯一的国际性蔬菜专业5A级展会,距今已成功举办20届。20年来,"绿色"和"科技"是菜博会永恒的主题,主展区面积由0.35万m^2增长到45万m^2,展位由150个增长到2000多个,游客由20多万人次增长到200多万人次,签约额由12亿元增长到100多亿元。菜博会使寿光从一个区域性蔬菜产地成长为具有国际影响力的蔬菜集散中心。

(二)项目特点

1. 内容丰富,科技含量高

菜博会的展览内容丰富多样且科技含量较高,包括蔬菜、瓜果、花卉育种育苗等一系列先进栽培模式展示,以及新型高效复合专用肥生产、包装,蔬菜、果品、食用菌加工等一系列前沿高新技术展示。菜博会集中展示国内外蔬菜产业最新成果并以推广先进农业技术为主要内容。第20届菜博会共集中展示国内外名优蔬菜品种2000多个,新品种320个,在九号馆对比展示寿光自主研发的蔬菜品种55个;展示先进栽培模式82种,新

模式17种；展示蔬菜病虫害绿色综合防控技术、臭氧杀菌技术、二氧化碳增施技术等新技术105项。新设了航空育种展区、优质种子种苗展示交易区，引进多功能植保机；首次设立有机蔬菜种植示范区、有机蔬菜精准栽培区、有机蔬菜采摘体验区等有机蔬菜现场展示区，树立了重视品牌、发展高品质蔬菜的鲜明导向。

2. 信息聚集，农民受益多

菜博会以创新和科技为核心，经过20年的发展，已经成为全国蔬菜信息的聚集地，丰富的农业科技成果和农业机械等能够帮助农民准确把握市场需求。在这里农民可以学到前沿的农业理念和科技，根据市场需求调整自己的蔬菜种植结构。展会期间，农民可以在展会上展示自己的新产品，结识更多的客户；也可以把在生产实践当中遇到的问题带到展会，让专家能手把关解决自己遇到的疑难杂症。总之，菜博会是一个农业信息集聚的平台，使农民在开阔眼界、开启思路、学习技术和经营思路方面受益良多。

3. 旅游盛会，文化融合好

历届菜博会在蔬菜博物馆、采摘园、历史文化景观上都有新的创新点，这些景观赋予菜博会更加独特的文化韵味，蔬菜种植与传统文化结合，由一场农业科技交流盛会转换为观光休闲、生态科普、文化传承的旅游盛会，艺术、文化、科技完美融合其中。例如，第16届菜博会8号厅中心景点"绿播丝绸路"由36个景观组成，以气势磅礴的场景将古代商贸之路上的沿途景观浓缩于展厅内，观众置身其中，移步异景，仿佛穿越尘世回到古代丝路。其雄伟的气势、精美的制作、深刻的文化内涵深深吸引了万千游客，成为最大亮点。

（三）项目效益

1. 菜博会促进了寿光经济增长与产业结构优化

首先，通过菜博会这一平台，寿光市对蔬菜优良品种、相关农业生产资料和生产技术等做了大力宣传，将农产品与市场、农业品牌与资本、农民与高新技术进行了高效对接，第20届菜博会累计达成贸易额2000亿元以上，明显促进了寿光贸易业发展。其次，第20届菜博会累计参与人数约3000万人次，参与者在当地的停留和消费，有力带动了寿光服务业发展。另外，菜博会对蔬菜上游（以农药、农膜、花费、种苗、钢筋为主的后相关联的生产资料产业）和下游产业（销售、加工、配送等前向相关联产业）的临时聚集，既加速了寿光从蔬菜种植到批发销售扩展到了蔬菜产业发展模式，又带动了涉农化工、管材、科技、农产品深加工等相关产业的兴起与发展。

2. 菜博会助推了寿光蔬菜产业的发展

在菜博会媒介和平台作用的推动下，围绕蔬菜种植业，由蔬菜生产基地、农业生产资料企业、种苗公司、中介服务组织和科研机构等部门组成的蔬菜产业集群逐渐壮大，推动了蔬菜产业升级，打造了寿光市的支柱产业。

3. 菜博会推动了寿光市传统农业向观光农业的转变

依托菜博会优势，寿光市30多万个蔬菜大棚串联蔬菜大棚发源地、特色农业种植地、蔬菜批发市场、蔬菜高科技示范园、蔬菜加工基地等景点，规划了以蔬菜为中心的专线旅游观光与休闲路线；创建了3个国家4A级旅游景区、2个国家级和3个省级农业旅游示范点，观光农业得以大力发展。

4. 菜博会促进了寿光城乡一体化发展，提升了城市影响力

寿光市乡村道路、电网、水利等基础设施建设得到加强，农民的生产生活条件与环境得到改善，城镇化进程加快。市区环境建设也得到加强，先后获得了国家卫生城市、国家园林城市、中国最具创新力城市等称号。会展活动期间，受邀而来的中外记者对菜博会的全方位深层次报道，国际国内参展观展者的到访和交流，使寿光市与菜博会形成一个整体，寿光的城市形象得到了极大提升。

六、长春农业博览园

（一）项目概况

长春农业博览园位于吉林省长春市净月高新技术产业开发区，总占地面积106万m^2，是国内一流的现代农业科技园区、国家4A级旅游景区、全国科普教育基地、吉林省科普教育基地、吉林省青少年校外科技活动示范基地、长春市青少年科普教育基地、长春市新十五景。同时，还是北京市农林科学院示范基地、国家农业智能装备工程技术研究中心吉林工作站、中国农业科技东北创新中心示范基地、中国农业银行吉林省分行金融服务基地。

园区空间结构布局为一园、九区、九馆：一园为中国长春现代农业博览园；九区分别是主展馆区、分展馆区、君子兰花卉展示区、种植展示区、果树展示区、优良动物展示区、新农村展示区、美食区和停车区；九馆分别为主展馆、分展馆、农业博览馆、航天育苗科技展示馆、君子兰组培展示馆、现代农业展示馆、珍奇植物展示馆、君子兰花卉展示交易馆和花鸟鱼馆，是一个科技含量高、功能完备并与净月开发区生态景观和谐，以农业为主题的多功能展示区。

农业展示温室分布在各个区域扮演着重要的角色，在展场区79万m^2范围内，现代种植业展区占地13.4万m^2，包括5栋现代化温室、17个露地种植小区，以及廊轩等设施；高新设施农业展示区占地10万m^2，包括6万m^2温室及周边果树区，连栋温室主要针对农业高新技术进行展示，同时结合景观化的手段，打造农业观光"盛宴"，包括高效种植、立体农业、工厂化育苗、水产科技展示等，同时还利用温室条件可控的优势，打造沙漠植物以及南方果树等与室外环境反差较大的奇特景观；君子兰花卉生产基地占地15万m^2，建有11栋温室。

（二）项目特点

长春农博会由农业农村部、吉林省人民政府、长春市人民政府共同主办。农业博览园作为农博会的展示窗口，通过融合现代农业科技展示示范、休闲农业、旅游等业态，通过农业博览会盛大的影响力，促进农产品交易、农产品品牌打造、新产品推介等活

动,宣传先进的农业发展理念,引领现代农业的发展方向。同时融合餐饮、旅游等业态,引导农业三产融合。

农博会为各个涉农行业搭建了交流的平台,汇聚涉农企业、新技术、新品种、新理念,通过这个平台进行推介和洽谈,最终实现合作共赢的目的(图6-13),同时农博会是每年一度的农业盛宴,会吸引众多涉农相关人员参与,促进和带动农业商贸的发展。利用现代农业展示型温室,融合现代农业景观打造乡土文化创意产业,为休闲农业旅游也做出了引导性的作用。

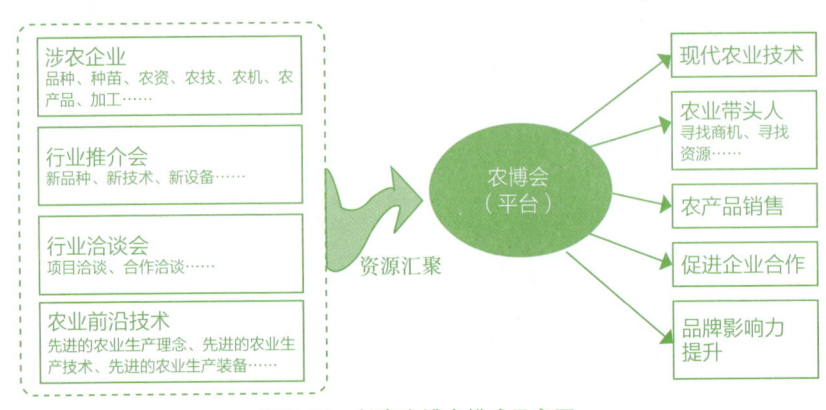

图6-13 长春农博会模式示意图

(三)项目效益

2019年,第十八届中国长春国际农业·食品博览(交易)会,10天时间观展人数140万人次。展会期间,26个国家150多家农业及食品企业参展,2000多家国内农业企业参会,展示展销国内外农产品及食品2万多种、320多个厂家农机产品上千种、80余家养殖企业畜禽良种150多个、60多家农资企业优质农资产品1000多种、30多个厂家农村新型能源环保设备近千种。举办了东北贫困地区县(市)农产品产销对接会、全国百户企业对接洽谈会、吉林省粮食产销协作洽谈会、吉林大米上海市场产销对接会、吉林省供销特色农产品推介会、长春市农业项目招商会6场大型推介洽谈活动,达成经贸合作项目134项,意向性签约金额201亿元,现场交易额达5.03亿元。

农博会在农业领域具有深远的影响力,依托现代农业展示温室,在东北的在地环境条件下,很好地诠释了现代农业科技的伟大。

七、北京农业嘉年华

(一)项目概况

北京农业嘉年华位于昌平区世界草莓博览园,占地面积1000亩。2012年在此成功举办了第七届世界草莓大会。2013年起，每年3—5月利用现有场馆举办北京农业嘉年华，至2019年已成功举办七届。用于嘉年华活动的展览展示场馆面积约为5万m^2。

（二）项目特点

北京农业嘉年华是北京都市农业的典型模式。简单回顾一下七届北京农业嘉年华项目内容情况，如表6-2所示。从七届北京农业嘉年华举办情况看，其项目内容具有以下几个方面的特点。

1. 持续不断创新

北京农业嘉年华每年都重新策划，口号、场馆主题均不一样，围绕国家战略、政策以及当地产业、旅游、文化展开，力争每年都有新的理念、观点、创意空间、互动体验项目呈现给游客。农业元素是展馆的主题内容，为了增强吸引力，每届主题都推陈出新，从最开始的蔬菜、花卉、草莓、农耕主题，到近几届选取的向日葵、牡丹、小麦、玉米、土豆、茶叶、棉麻、甘蔗等作物主题；从代表地域特色的天津农园、河北饶阳葡萄、中国台湾水果、"一带一路"国际花卉，到代表农业前沿理念的太空农场、楼宇农业、社区农场等，北京农业嘉年华将农业元素与各类休闲旅游属性相结合，形成了特色鲜明的农旅融合产品，得到了广大市民的认可，是都市农业和休闲农业三产融合创新的典范。

从北京农业嘉年华的空间布局发展来看，从最初的三馆两园，到近3年的三馆两园一带一谷一线，从一开始只考虑草莓博览园1000亩区域的利用，到联动昌平区1000km^2土地，策划思想高度也逐年提升，将整个昌平区的资源联动起来，这离不开主办方持续不断的创新要求和智慧。

2. 注重科普文化

北京农业嘉年华主题场馆的策划注重与科普文化相结合，选取与市民日常生活息息相关的内容，通过景观手法表达和展示，在观赏过程中将源远流长的农耕智慧传递给游客。例如，第四届"丝路蔬语"馆和第五届"丝路花语"馆均展示了"一带一路"沿线国家的文化，将具有地域特色的花卉、蔬菜与景观相融合，让游客在欣赏景观的同时感受多元的地域文化。第六届"百卉含福"展馆以花卉为主题，通过与花生长相关的诗词歌赋和插花艺术等的展示，向游客呈现了花卉在观赏启智、陶冶净化、交际励志、研究借鉴方面的文化特征，获得广泛好评。另外，第四届"盛世牡丹"展馆的牡丹文化和"茗扬四海"展馆的茶文化、第五届"豆彩工坊"展馆的豆类知识和"薯国演义"展馆的薯类知识、第六届"竹韵清风"展馆的竹子文化和"甜蜜糖城"展馆的糖类知识都给游客留下了深刻的印象。

3. 互动体验性强

互动体验项目是北京农业嘉年华最具人气的项目，也是历届北京嘉年华的最大特色和亮点，是长居大都市的儿童和市民体会农业乐趣、回忆乡愁必"打卡"之地。例如，第三届"金玉粮缘"展馆，参与玉米脱粒、磨面、打年糕等体验活动的游客共消耗玉米750kg，磨面100kg；"桑蚕织梦"展馆喂养蚕宝宝、抽丝剥茧、蚕丝织布等活动深受儿童喜爱。近几年以太空农业为主题的展馆，引入先进AR、VR技术，吸引60余万人次体验。

表6-2　　　　　　　　　　七届北京农业嘉年华概况一览表

序号	时间	历时	主题	口号	空间布局		展馆主题
第一届	2013年3月23日—5月12日	51天	自然融合参与共享	观农业盛典享花样年华	三馆	精品农业展销馆	优质农产品展销馆、食品加工展示馆
						创意农业体验馆	蔬菜森林、欢乐农庄、梦幻花香、芽菜世界、番茄迷宫、创意集市
						草莓科技展示馆	草莓公社、草莓天瀑、草莓大观、农科博览、城市农业
					两园	主题狂欢乐园	—
						采摘体验乐园	—
第二届	2014年3月15日—5月4日	51天	自然融合参与共享	多彩农业点亮生活	一展	全国休闲农业创意精品展	
					两区	农业艺术体验区	瓜样年华、紫蔬探秘、幽兰奇境、五谷道场、奇妙乐园、工艺长廊
						草莓科技博览区	草莓隧道、草莓天瀑、蜂彩世界、蘑幻王国
					三乐园	农事体验乐园	—
						拓展休闲乐园	—
						主题狂欢乐园	—
第三届	2015年3月14日—5月3日	51天	自然融合参与共享	美丽乡村快乐生活	三馆	农业精品馆	—
						农业创业馆	蔬情画意、金玉粮缘、台湾浓情、燕赵葡园、山海情缘、创意长廊
						农业体验馆	桑蚕织梦、蜜境先蜂、向阳花海、草莓奇境
					两园	激情狂欢乐园	—
						农事体验乐园	—
					一带	草莓休闲观光采摘带	

续表

序号	时间	历时	主题	口号	空间布局		展馆主题
第四届	2016年3月12日—5月8日	58天	自然融合参与共享	智慧农业引领生活	三馆	精品农业馆	—
						创意农业馆	丝路蔬语、盛世牡丹、棉麻记忆、茗扬四海、印象河北、市农博览
						智慧农业馆	楼宇农业、云耕物语、太空农业、南望津郊
					两园	主题狂欢乐园	—
						农事体验乐园	—
					一带	草莓休闲体验带	—
					一谷	延寿生态观光谷	—
第五届	2017年3月11日—5月7日	58天	自然融合参与共享	科技农业绿色生活	三馆	国际农产品馆	—
						创新农业馆	丝路花语、蔬香味道、豆彩工坊、本草华堂、薯国演义、爱上昌平
						缤纷农业馆	社区农场、自然学院、津生有园、太空家园、河北主题
					两园	主题狂欢乐园	—
						农事体验乐园	—
					一带	草莓休闲带	—
					一谷	延寿生态观光谷	—
					一线	京北黄金旅游线	—
第六届	2018年3月17日—5月13日	58天	创新协调绿色开放共享	乡村让生活更美好	三馆	国际特色农产品馆	—
						多彩生活馆	百卉含福、麦香四溢、油彩工坊、竹韵清风、甜蜜糖城、爱上昌平
						科技农业馆	莓好生活、自然探秘、携手筑梦、太空农场、津冀风采
					两园	主题狂欢乐园	—
						农事体验乐园	—
					一带	草莓休闲带	—
					一谷	延寿生态观光谷	—
					一线	京北黄金旅游线	—

续表

序号	时间	历时	主题	口号	空间布局		展馆主题	
第七届	2019年3月16日—5月12日	58天	创新协调绿色开放共享	乡村振兴让生活更美好	三馆	国际特色农产品馆	—	
						多彩生活馆	丝路浓情、瓜瓜乐园、稻梦乡愁、农艺印记、共同富裕、爱上昌平	
						科技农业馆	莓好生活、自然奥妙、花卉生活、希望种业	
					两园	主题狂欢乐园	—	
						农事体验乐园	—	
					一带	草莓休闲带	—	
					一谷	延寿生态观光谷	—	
					一线	京北黄金旅游线	—	

（三）运营模式

北京农业嘉年华采取的是"政府主导、市场运作"的办会模式。由当地区政府主办、引入专业的企业进行策划及参与运营，产业经营主体及市民参与创意，不断加大市场开发力度。门票收入是北京农业嘉年华的主要收入，除现场售票外，票务公司还开通了电商、旅行社、微信、邮局等多个线上线下的购票通道。据统计，有50%以上的游客通过现场买票之外的其他方式购买门票。

带动昌平草莓产业发展是举办北京农业嘉年华的重要目的，其会期主要安排在昌平草莓大规模上市的季节，也就是每年的3月中旬—5月中旬，共持续50多天，为昌平草莓采摘带来大量游客。每届北京农业嘉年华还策划草莓主题相关活动，如草莓主题展馆、草莓采摘体验乐园、"草莓票香"免费领取草莓活动等，让游客通过多种途径体验昌平草莓。据统计，昌平区草莓在农业嘉年华办会期间采摘率可达50%~70%，直接带动了当地农民增收。另外，这个时间段北京正处于早春，还不适合户外活动，在温暖的联动温室中提前感受绿意盎然的场景不失为一个好的选择。

（四）项目效益

政府领导的高度重视，农业嘉年华的新体验模式，使北京农业嘉年华连续七届取得了巨大成功，经济、社会效益显著。据统计，2013—2019年，北京农业嘉年华累计接待游客量超800万人次，实现直接销售收入超过3.35亿元，带动周边草莓产业超10亿元，

图6-14 2013—2019年北京农业嘉年华历届游客量及收入

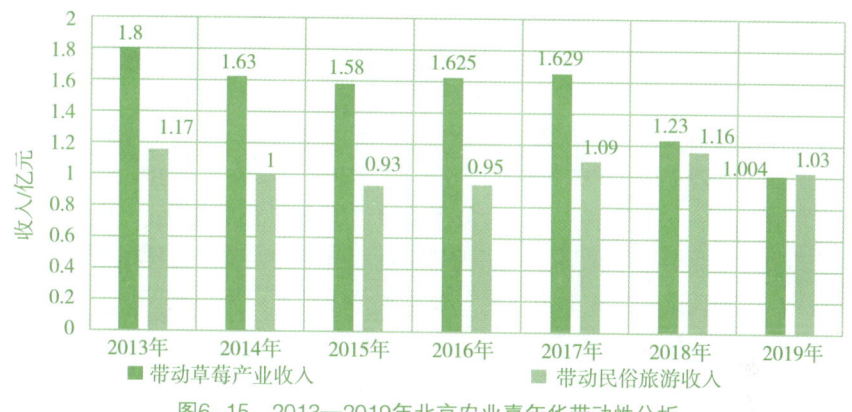

图6-15 2013—2019年北京农业嘉年华带动性分析

带动民俗旅游超7亿元，对区域总体带动超20亿元。历届北京农业嘉年华游客量及收入、带动效应如图6-14、图6-15所示。

"农业已不再是我们想象中的田间劳作，而是变成了好看的创意景观、好玩儿的互动体验""农业嘉年华是周末带孩子度假的好去处，还可以到周边采摘草莓""每年来农业嘉年华，都有不一样的感受，还能学到不少知识"。一年一届的北京农业嘉年华，越来越受到人们的关注，它的举办，为市民提供了深入了解农业的机会和平台。

北京农业嘉年华的成功举办，得到了市区各级领导的高度重视和肯定，以及北京市民的广泛认可与好评，现已成为北京市民在春季里的一份热切期待！嘉年华活动开幕时间选定在初春三月，以现代农业科技营造可控的环境，将瓜果飘香、百花竞艳的美丽景致在初春提前呈现给首都市民，这是时代与科技进步的产物，是都市农业发展的崭新模式，是首都人民齐心协力发展的成果。

八、杨凌现代农业示范园区创新园（2014年）

（一）项目概况

杨凌现代农业示范园区创新园位于陕西省咸阳市杨陵区农业高新技术产业示范区内，于2014年12月2日被批准为国家4A级旅游景区，是陕西省首家农业4A级旅游景区。

（二）项目特点

创新园由智能温室、日光温室和露地三大功能展示区组成，现有日光温室54栋、智能温室8栋，设施面积200亩。智能温室总面积20736m^2，包括工厂化育苗馆、梦幻花卉馆、超级菜园、西部特色馆、无土栽培馆和现代农业创意馆等8个展示馆，以展示国内外农业及其相关学科高新科技和创意农业的新成果、新技术为内容，以科技成果转化与旅游观光为经济增长点，以农业专家与企业技术部门为主体，展现农业的新技术、新品种和新成果。

梦幻花卉馆以南方花卉种植为主，分为鸟语花香休憩区、彩廊叠翠区、花美术馆展示区以及草本花卉区四个区域，展示花卉的奇、特、美；无土栽培馆展示水培、基质培、立式管道栽培、新式管道栽培、廊架景观栽培等现代化栽培模式；南方果树馆展示我国南方以及热带亚热带水果品种；超级菜园展示各种蔬菜工厂化种植模式，利用现代化的科技手法挖掘蔬菜的生长潜力，主要展示蔬菜的超大产量、超长的生长周期和超高的株高。

高科技农业展示温室主要发挥了其对先进的农业技术、品种、模式等进行展示的功能，提升了人们对于农业的深入理解，同时温室内农业元素以景观化的方法展示，增加了可观赏性，提升了科技传播的亲和力。

（三）项目效益

创新园依托杨凌农业高新技术产业示范区，作为其中的一部分，承担着科技展示、科普教育、休闲观光、科技示范等重要作用。8个展示馆全年开放运营，通过农业休闲观光旅游和组织学生室外课堂等内容，进行农业科技的展示示范和推广活动。

针对中小学生开展农业研学旅行，以参与互动、体验认知的方式，了解农业，了解现代农业科技，深刻地体验植物知识的科普教育，培养学生的实践和认知能力，塑造一个不一样的课堂。

开展休闲农业活动，拓展农业产业链。园区智能温室展示区及54个日光温室展示区常年对外开放，为人们提供现场观光和亲手种植、采摘蔬菜、水果的体验，在享受丰收的喜悦同时还可以学习到农业健康科普知识，参与杨凌特色农家小吃品尝等休闲活动。

健康的原生态餐厅，通过融合秦岭山农业、西安塞纳河法国餐厅的健康生活理念，开发出独特的原生态健康大宴，增加园区的收入。

创新园作为杨凌高新技术产业示范区中的一个亮点，作为4A级旅游景区，依托农业景观、农业技术前沿、农业创新理念前沿进行农业旅游策划活动，吸引市民参与游玩体验，在农业科技的传播与推广方面做出了巨大贡献，同时通过与旅游产业融合带动了经济的发展。

九、经验与启发

从前期的策划看，高科技农业展示温室的选址非常重要，对项目的经营效益会产生巨大影响。项目应该选择交通便捷、具有良好区位优势的城郊，还要综合当地的自然环境、历史人文资源等旅游资源条件进行策划思考，所选择的主题应该与当地农业产业及观光旅游资源相互配合，形成互补。在功能策划上应该以高科技展示及生产示范为主，科普教育和观光旅游为辅，强调项目的特色功能，同时也应当与已有功能相互配合。

高科技农业展示温室项目的建设是一项复杂的系统工程，需要多学科专业人员参与，在开发建设过程中，各专业人员应当注重协调配合，注重各项建设内容的完善与统一，避免留下温室运营的隐患。

在运营上，应当对景观设施进行定期维护和更新，包括营造更好的景观效果，结合场景策划新颖的主题活动等来提高游客的复游率。同时可以采用线上线下多种营销宣传手段，与当地学校、农民协会等团体机构合作，提高知名度，发挥农业科普及培训的功能，助力带动当地农业产业的发展，实现经济效益与社会效益的双丰收。

第三节 综合服务型温室

一、北京红太阳生态园

（一）项目概况

北京红太阳生态园（来广营店）位于北京市生态农业示范区内，占地40000m^2，营业面积达15000m^2，主体温室长165m、宽67m，可同时接待3000人就餐。餐厅主体建筑是文络型温室，五面均为透明玻璃，层高为4m，每间隔4.5m×9.6m就有一根5cm×10cm的钢柱。园内1万多平方米的用地只有4000m^2的用餐面积，其余约60%的用地全部用于景观环境建造，故一年四季绿意融融。设计充分利用空间，运用各种手法解决现状的局限性,将全园划分为八个景观用餐区:独木成林、竹韵依林、别有洞天、碧水风荷、绿岛风情、四季花城、莺歌燕舞、奇域水帘。园区内有两条轴线,一条为东西向实轴,东西两侧各有一个餐厅的主要入口;另一条为南北向虚轴,以一条自然水系贯通南北。每个区域各有特色又相互联系。

(二)项目优点与不足

1. 优点

(1)植物在餐厅中起到组织与分隔各功能空间的作用。大宴会厅和小宴会厅之间由密植植物群相隔,上层用散尾葵、旅人蕉,中层用春羽、橡皮树、八角金盘等,底层用一叶兰、常春藤,形成复层植物景观,将大、小宴会厅分隔,并有效阻挡视线和噪声。植物还与各景观元素有机结合,充分营造主题意境。"竹韵依林"用餐区,竹丛种植于分隔包厢的竹篱笆外侧,形成幽静、隐蔽的就餐环境,很好地突出了就餐主题。

(2)植物种植形式种类多样,有露地种植、盆栽、花坛等方式。餐厅东入口大厅采用中心花坛形式种植鲜艳的仙客来,周围采用盆栽和花坛形式种植一叶兰、冷水花、橡皮树等常绿植物弱化四周墙角,烘托出中心花坛在入口大厅中营造的热闹氛围。

(3)考虑了植物立体造景,在餐厅顶部悬挂肾蕨盆栽,局部还运用攀爬植物,如常春藤、金银花等,形成垂直绿化和覆盖绿化。

(4)餐厅内植物景观后期养护与管理较好,定期对植物进行修剪、施肥、补种植物,并经常清洗植物叶片,保持叶片的自然光泽。

2. 不足

(1)餐厅植物种类较多,但除了入口处盆栽的时令花卉外,几乎没有任何观花种类,如果考虑到四季有花可赏,种植一些开花植物,如月季、山茶、栀子花、四季秋海棠、梅花等,还会给餐厅的植物景观增色不少。

(2)由于餐厅主体温室层高只有4m,很多可以充当上层植物的乔木不能种植,因此很难营造丰富的植物景观层次。

(3)餐厅由南往北是一条由水系形成的景观虚轴,水景变化多样,但是水生植物却很少,降低了水体景观的丰富度,削减了水体自我净化的能力。如果在水池旁种植一些睡莲、凤眼莲、黄菖蒲、鸢尾、狐尾藻等水生植物,则有利于丰富水生植物景观。

综上所述,北京红太阳生态园的植物景观整体效果不错,植物能与各景观元素有机结合;虽然温室层高限制了很多乔木的运用,然而植物配置还是注意了立体层次,利用悬挂盆栽肾蕨、种植爬藤植物等方法弥补缺陷。但是,在植物选择方面,较少出现观花植物。

二、益阳文·舞生态餐厅

(一)项目概况

项目位于湖南省益阳市,总面积5913.6m^2,以竹文化生态餐厅为主题,融入当地丰

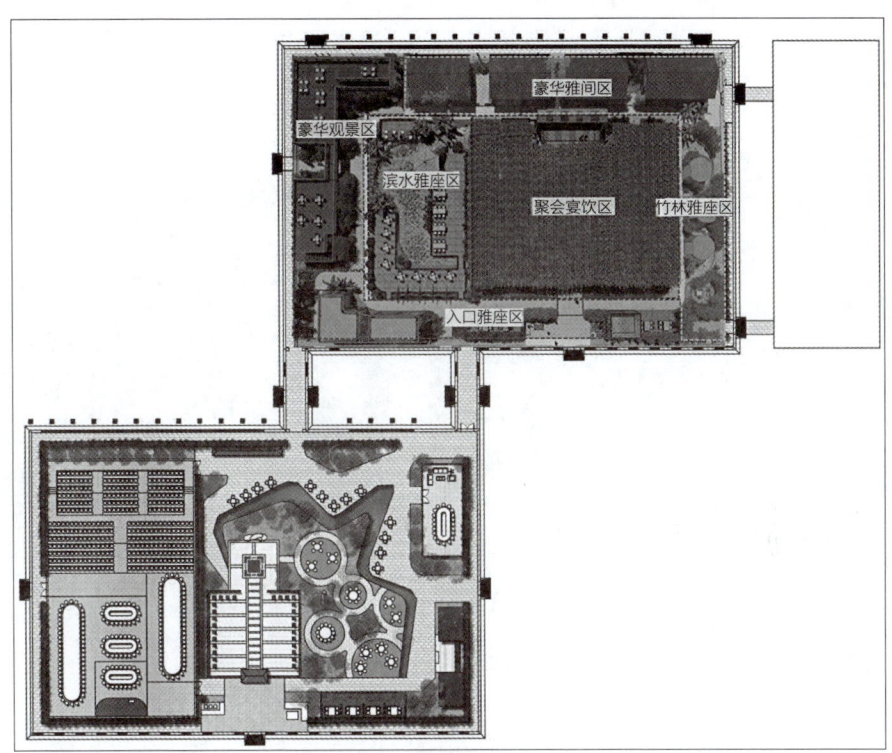

图6-16 益阳文·舞生态餐厅平面图

富的历史文化与风俗舞蹈活动,精心打造出现代时尚的餐饮与茶歇会议环境。餐厅分为文、舞两个区域(图6-16)。

1. 文餐厅

文餐厅面积2956.8m²,设计思路起源于益阳书院,益阳书院始于明清,兴盛于今;"南竹之乡"益阳悠久的竹文化享誉海内外,加入当地丰富的历史文化以及茶道元素,精心打造出现代时尚的茶歇会议环境(图6-17)。

文餐厅结合绿植景观与茶道文化,共设置有14个节点内容:主入口、现代牌坊、艺术种植、大会议室、种植区、520人综合会议室、等候室、茶歇雅座、卫生间、曲水流觞、小商务会议室、大商务会议室、书吧卡座、长廊。

2. 舞餐厅

舞餐厅面积2956.8m²,设计思路起源于"虾子起拱,虾头应声上抬,虾须朝天,直指天空",以及"龙灯花鼓"文化。融入当地丰富的历史文化元素以及风俗舞蹈活动,精心打造出现代时尚的餐饮环境(图6-18)。

舞餐厅结合滨水景观与竹文化元素,共设置有16个节点内容:主入口、绿植墙、宴会大厅、表演舞台、滨水平台、豪华雅间、竹林雅座、竹乐包间、卫生间、观景平台、竹亭、等候区、收银台、水景、竹林雅座、厨房。

图6-17 文生态餐厅鸟瞰效果图

图6-18 益阳舞生态餐厅鸟瞰效果图

（二）项目特点

益阳文·舞生态餐厅是中农富通建设的农业嘉年华生态餐厅中首个配有会议室的餐厅，与就餐空间进行了划分，分为单独的两个温室结构，可以互通。

茶歇会议温室的主要功能是提供会议会场服务，根据需求设置有容纳不同人数的会议室和茶歇室，里面分有小型会议室和大型会议室，分别可以容纳20人左右、50人左右和100人左右，大型会议室面积1200多m^2，能一次容纳500人左右。大会议室本着绿色生态原则进行设计布局，四周和中间分区域都设有生态种植池进行围合与打造，绿意盎然的会议室受到了当地人们的喜爱，使用率极高，市内大部分大型会议、大型晚会节目都会在这里举办，增加了生态餐厅的曝光率。

（三）项目效益

益阳农业嘉年华生态餐厅在运营理念上紧跟时代发展潮流，如吃"霸王餐""高考考生凭准考证免费送一份特价菜""活动期间扎啤不要钱"等优惠活动，吸引了当地大量游客。举行会议的人员也会就近就餐，餐厅和会议室的结合是一个新模式，当地各大公司的年会、大型晚会、年终总结会、政府会议（人代会、党代会等）、各种培训会等，为餐厅提升了知名度和效益，同时也为整个嘉年华提升了人气。

1. 突出群众参与性

就餐活动突显"亲民乐民"特色，有的看，有的玩，吸引了不少周边城市的游客组团前来，他们参与其中，乐在其中。每年的3—6月份、9—12月份是研学月，一次性接纳100桌左右；每个主题节庆活动一次性接纳60桌左右。

2. 更加注重运营的专业性

益阳农业嘉年华的活动以"政府推动、市场运作、社会参与"的方式成功举办，实现了农业科技展示农产品、农副产品展示展销、食品产业招商和现代休闲观光农业的完美结合，取得了良好的经济效益和社会效益。

三、金湖水漾年华水上乐园

（一）项目概况

金湖水漾年华水上乐园建筑面积11372m^2，是该项目围绕水打造的服务型亮点工程。场馆以水游乐为主题，通过美丽的巴厘岛海滩、阿贡火山、珍巴拉森林等趣味场景的打造，以探索巴厘岛的土著村落顿甘纳为故事线索，以机械类游戏设施和水浴理疗为载体，打造了一个全年龄段巴厘岛土著风情的水上乐园。

（二）项目特点

水上乐园"探索顿甘纳"建筑设计通过演绎"鱼戏莲叶间"的概念进行创意。"鱼"

主要围绕水主题，借助水的镜像反射，通过外立面造型，整体在水中倒映形成一条"鱼"的形象（图6-19），另外在屋顶造型上仍然采用"荷叶"造型（图6-20），与园区另一个主题场馆温室形成呼应。游客从不同角度看到水中不同的倒影效果，在主广场莲花广场位置形成最佳观赏点，从而形成"鱼戏莲叶间"的效果，富有情趣，并且可通过夜景灯光效果进行强化，整体观赏效果更佳。

"探索顿甘纳"内部设计分为四大功能区：入口服务区、阿贡滨海游乐区、珍巴拉森林探险区、顿甘纳民俗体验休闲区，每个区域的互动活动紧扣主题，极富吸引力。如造浪池以阿贡火山为原型，结合巨兽形象打造造浪池的源头，与浅水区相连的沙滩上摆放着果冻质感的海底动物形象，打造趣味十足的果冻海滩，周边穿插顿甘纳牛角笛，引起人们兴趣，也与其他景点相呼应。儿童探险池根据儿童独特的身体条件，设置综合性项目小型水寨与较刺激的项目小喇叭和小冲天回旋滑梯，让中小学生在探险过程中获得快乐。服务性建筑则仿照顿甘纳民居打造，形成异域风情的村落景观。森林探险区位于温室的中心位置及竖向最高点，设置供成年人游乐的疯狂家庭漂流、彩虹滑梯和高速滑梯项目，充分利用设备下部空间，用顿甘纳风情栏杆进行围合，形成村落入口景观。场馆内还设置了一个泳池，为人们休闲健身、游泳课程学习提供场地。亲子戏水区的项目则比较温和，如水中滑梯、喷水跷跷板、趣味倒水及各种洒水设施等，与相对激烈的儿童戏水项目分开，保证安全的同时更利于进行亲子互动。

（三）项目优点与不足

探索顿甘纳水上乐园是对现代农业展示温室功能拓展和创新的一次尝试，它的建设大大丰富了园区的项目内容，增加了园区对游客的吸引力，延长了游客参观游览的时间，从而进一步增加了园区的经营收益。但是由于水上乐园的建设所需设施设备及安全性问题的考虑都需要专业性较强的厂商和人员参与，在项目策划、设计及实施阶段的难度都将增加，同时相比其他服务型项目需要更大的资金投入，因此，建议此类项目的建设及设计方在前期应当注重做好调研和分析工作，并与专业性厂家进行密切的合作。

图6-19　金湖水漾年华探索顿甘纳水上乐园立体效果图

图6-20　金湖水漾年华探索顿甘纳水上乐园平面图

四、经验与启发

随着小康社会的逐步实现，人们生活水平逐渐提高，也越来越渴望亲近自然，消费者越来越关注就餐环境、购物环境和休闲娱乐环境等。正是在这样的市场需求下，生态餐厅温室、展销温室、水上乐园温室等多功能的温室类公共建筑应运而生。温室类公共建筑由于造价相对较低、造型新颖多变等原因越来越多地得到应用。但是其有别于园艺类温室，在通风采光方面有较大放松的同时，对结构安全性提出了更高的要求，这是由此类综合服务型温室人群密集、装饰装修荷载较高等原因决定的。但是目前国内对此类温室公共建筑结构安全性方面的研究还较少，还没有专门指导设计和施工的规范或者标准，套用建筑类国家标准或行业标准经常无法满足业主对温室建筑的经济指标要求或使用美观的要求，由此可见，针对此类建筑进行专门研究进而提出相应标准十分必要。

另外，综合服务型温室项目的策划与设计是一项复杂的系统工程，其落地实施由于涉及多功能要求的满足，往往需要多学科理论知识的指导和各类专业人员的共同参与才能实现。目前此类项目还存在内部景观或项目设计水平不高、与温室结构不协调、空间利用率低等诸多问题，内部景观或项目的设计还处于探索阶段，因此在实际项目中建议加强各专业团队的合作，以形成完善的策划设计和施工流程，最终呈现给人们更为安全舒适的体验空间。

第四节
生产依托型温室

一、西班牙阿尔梅里亚温室群

（一）项目概况

从20世纪80年代开始，在西班牙阿尔梅里亚市西南30km处的一个小海岸平原上，发展了占地超过30000hm²的目前世界上最大的温室农业基地，其中连栋玻璃温室面积约100 hm²，主要用于农业科技示范，其余为塑料钢架大棚，主要分布于阿尔梅里亚沿海区域，设施温室密度居世界第一（图6-21）。这里每年生产数亿吨的温室蔬菜和水果，如番茄、辣椒、黄瓜和南瓜，有超过一半的欧洲新鲜水果和蔬菜都是由这个温室基地供应。这个温室基地每年为阿尔梅里亚贡献15亿美元以上的收入。该温室基地是西班牙利用滩涂发展起来的设施蔬菜产业集群，提高了非耕土地资源的利用率，是非耕地设施农业的典范。

图6-21　西班牙阿尔梅里亚温室群

（二）项目特点

阿尔梅里亚省位于西班牙南部安达鲁西亚大区，面积为87740km^2，年平均温度在15℃以上，夏季温度达到40℃，年平均降雨量只有200mm；那里的土壤条件差，土地非常干燥贫瘠；地貌大部分为山区、丘陵和沿海滩涂，山区和丘陵土层较薄，沿海滩涂土壤中砂石较多。在开发高效栽培温室群之前，阿尔梅里亚市几乎是西班牙西南的一个荒漠。

自从20世纪80年代被开发后，这里的土壤都是从外地运过来，而且有完整的供水保值系统，可以科学地将化肥和水输送到植物的根部，并展开了密集型专业化的农作物栽培。

阿尔梅里亚的水资源80%来自地下水，地表水约占18.5%，海水淡化水约占0.5%，其余为再生水。农业用水占到用水总量的90%，一般采用滴灌措施（地面管道），遵循少量多次原则，全部采用水肥一体化技术，且当地设施全部配备有水肥一体化系统，设备全部由专业公司施工安装。

经过多年的研究和实践，当地设施大棚建设实现标准化，主要设施类型为连栋钢架三角脊屋顶塑料大棚，平均每棚的面积为1~2hm^2，约占塑料大棚总面积的80%。

（三）运营模式

阿尔梅里亚设施农业的发展得到了政府部门的大力支持，主要运营模式为政府引导、农民主导、企业参与。

1. 对农业用水、用肥进行充分保障

农户或企业发展设施种植，需到水资源管理部门登记备案，管理部门根据其种植规

模和作物种类对其种植用水进行定额配给，以保证水资源的高效利用。当地政府和农业技术推广部门积极研究利用海水淡化技术，并鼓励进行设施生产的农户修建蓄水池以及在温室棚顶修建集雨管道等措施充分利用各种水资源。

西班牙作为欧盟成员国，接受欧盟养分管理政策和法律的监督。2003年，欧盟统一颁布的《肥料法》对肥料产品的质量提出严格规定，明确提出了肥料质量合格的指标，以及对不合格肥料生产企业或个人处罚的依据和方法，对违规企业或个人将采取严厉制裁，确保了水溶肥产品的质量安全。农户可直接使用农化服务公司提供的肥料进行生产，无须关注肥料质量问题。

2. 助推土壤改良、基质栽培和设施水肥管理标准化

政府为了鼓励当地发展设施农业，花大力气进行土壤改良，形成适宜当地种植的"三明治"土壤结构。不宜土壤栽培的地区，采用基质栽培，基质以珍珠岩、椰糠、岩棉为主，由专业化服务公司负责基质配送。

设施栽培方式全部实行水肥一体化。当地科研推广机构还根据作物需水需肥特性和土壤（基质）供肥特性，研究制定了番茄、西瓜、辣椒等不同作物的水肥一体化技术，并通过服务人员向农民进行推广。根据不同种植模式，通过测定pH或电导率等指标快速指导施肥，水肥管理技术操作简便，形成标准化管理模式。

3. 构建完善的社会化服务体系

政府设立的服务机构、有关学校和农业科研单位、涉农企业、农民专业合作社以及技术人员共同为当地提供农业技术服务。政府所属的公益性研究与培训机构承担技术研究、执业资格培训及技术咨询任务，相关企业、农民专业合作社派出的技术人员以市场化的方式向农民提供技术服务。如产前的土壤改良、设施大棚的建造、棚膜和滴灌设备的购置安装、无土栽培基质的选择、土壤消毒、农业从业人员的培训等均有相应的服务机构或农技人员负责提供服务；产中的作物用肥用药、土壤及养分的检测会有农技人员上门指导；产后的农产品销售主要通过农超对接以及通过农民专业合作社的农产品竞卖系统进行，完善的社会化服务体系提高了农业从业者的收益。

（四）项目效益

2015年，西班牙蔬菜出口量占全球14%，位居首位，创汇553亿美元。蔬菜主要出口到西欧、北欧国家。主要出口国为德国（33%，出口量占比，下同）、法国（15%）、荷兰（13%）、英联邦（11%）、意大利（7%）、其他欧盟国家（18%）及其他国家（4%）。主要蔬菜种植面积大致为番茄约占22.5%，辣椒19.5%，西葫芦15%，西瓜15%，黄瓜10.5%，甜瓜9.5%，茄子5%，菜豆3%。每年生产的蔬菜和西甜瓜产量达到300万吨，位居西班牙国内第一（表6-3）。阿尔梅里亚也由此成为欧洲一些国家冬春季蔬菜瓜果的主要生产地，有欧洲"菜篮子"之称。

表6-3　　　　　　　　　　西班牙产业集群高效生产指标数据统计

属性	指标
面积	33596hm²
类型	连栋塑料钢架大棚；加温温室＜1%
作物	蔬菜、西甜瓜
产能	300万t/年
全国占比	30%
农业从业人口	185万人
农民人均年收入	1.8万～2.0万欧元
农业GDP占比	24%
集聚企业	20余种，250家

阿尔梅里亚温室群的温室外表都是白色，远远看去就像一片白茫茫的海洋。阿尔梅里亚大学的研究人员发现，通过塑料薄膜将强烈的太阳光折返回天空，温室农业基地能够使西班牙平均每年降温0.3℃，具有一定的生态效益。

二、新加坡天鲜农场

（一）项目概况

2012年10月24日，设在新加坡林厝港的天鲜（Sky Greens）垂直农场开幕，农场占地3.65hm²。初期只有120台9m高的铝架，每天生产500kg奶白菜、小白菜和俗称"打老婆菜"的菊花菜。据悉，2016年铝架已增至300台，农场原定目标是用2000台铝架种菜，年产量预计达5600t。

（二）项目特点

天鲜农场屋顶采用透明有机玻璃，最大的亮点就是高9m、38层的蔬菜塔，这个系统被称作A-GO-GRO（图6-22），是世界上第一个商业化的垂直农场，采用专利低碳液压驱动技术来推动耕种塔的旋转，置于户外，能让热带多叶蔬菜全年生长，产量是传统耕种方法的5～10倍，更能确保蔬菜的安全性、品质、新鲜度和美味。蔬菜塔采用轻质铝制结构，外形为A型三角，安装简单，维修方便。三脚架上是成排的托盘，里面种植有不同的蔬菜。三脚架本身可以旋转，架上呈阶梯形布局，可以保证所有蔬菜都受到均匀照射。养分来自塔下方的水槽，每层架子不断旋转，架子转到最上面时能晒到阳光，温度较高，转到下面时，则温度下降，温差能让蔬果更鲜甜。此外，随着植物槽箱的旋转，植物得到浸水式的灌溉，所用的水量少，水也能回收，经过滤和消毒后再循环使用。蔬菜被安置在铝制水槽中，架子可以不断旋转，轮流接受光照。由垂直农场的工厂处理好蔬菜，称好质量，放入包装袋，运输到冷冻库储藏一段时间后直接送往超市出

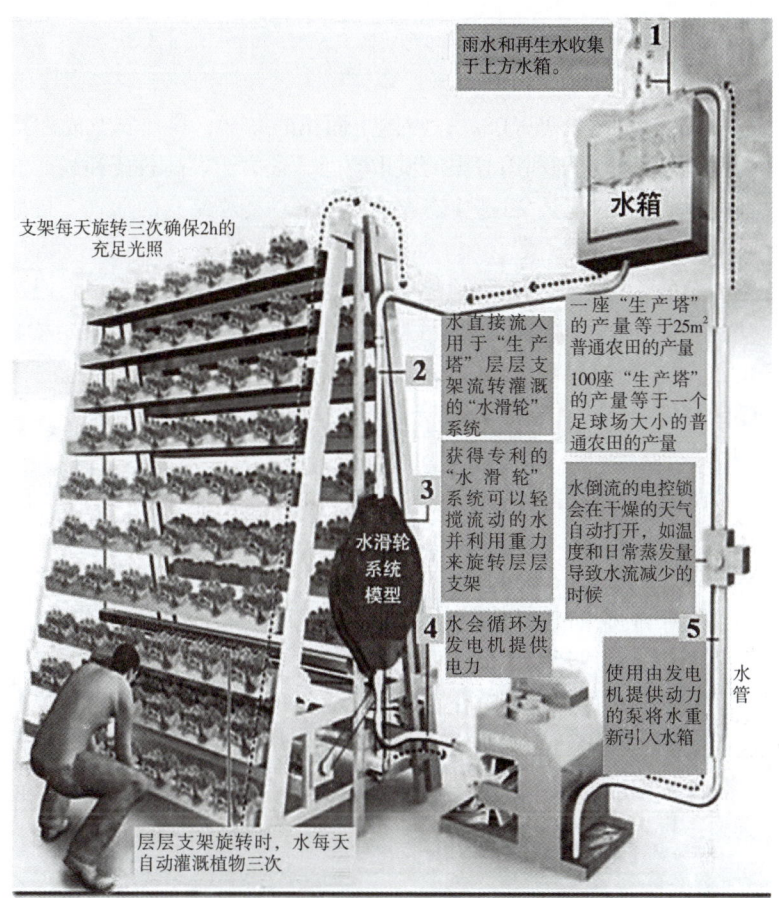

图6-22　新加坡A-Go-Gro系统工作流程图解
（图片来源：戴菲等，2019）

售。这种蔬菜在新加坡销售非常好。农场的中间环节少，种植工作也比传统农业轻松许多，再也不需要顶烈日冒寒风。

（三）运营模式

据了解，从研发到蔬菜面市，120个蔬菜塔规模的农场建设耗资2000多万新元。天鲜农场获得标新局起步企业发展基金100万新元资助。新加坡农粮与兽医局除了提供技术咨询之外，其下设的粮食基金也拨款资助。农场曾尝试种植20多种蔬菜，但目前集中力量放在奶白菜、小白菜和菊花菜上。因为这3种蔬菜新加坡人最常吃，而且其生长环境可作为其他蔬菜的参照。往后，农场计划种植芥蓝、生菜、菜心等。

农场每天将早上收割的蔬菜直接送往平价合作社超市的分配中心，再送往设在武吉知马大厦、马林百列中心、汤申大厦、碧山第8站及金文泰广场的Finest精品超市。天鲜农场增加产量后，平价超市将把蔬菜分销到属下其他超市。

（四）项目效益

新加坡全国可耕地面积仅5900hm^2，占国土面积的9.5%，科技农业成为新加坡农业发展的最重要途径。天鲜农场利用有限的城市空间，致力于以高科技和高产值为目标，将公园与农业科学结合在一起，打造生态农业和经济功能相结合的形式，是都市农业高科技的典范。

天鲜农场蔬菜的售价不具有竞争优势，但是也具有不错的消费市场。以200g装的小白菜为例，天鲜农场种植的零售价为1.25元，而一包300g的普通奶白菜只卖1.55元。不过天鲜农场的蔬菜更新鲜，因为从农场运到超市只需要3小时，而从最近的马来西亚送来则需要一整天。

三、荷兰瓦赫宁根大学试验温室

（一）荷兰温室农业概况

荷兰创造的农业奇迹举世瞩目，荷兰温室功不可没。在设施农业极其发达、以工厂化农业享誉世界的荷兰，成片的大型连栋温室随处可见。在这些现代化的温室内，农业生产方式实现了高度的程序化、标准化和自动化。经历了近百年发展历程的荷兰温室，就其装备的先进程度、技术管理水平、经营规模及劳动效率而言，已是冠甲天下。世界各国争相学习荷兰，取经温室园艺成功秘诀。荷兰因此成为世界最大的温室农业技术输出国，温室建造占世界市场的份额高达80%。

（二）项目概况

高校是荷兰农业发展最坚实的"后盾"之一，主要负责进行农业的基础研发或应用研发。在荷兰，世界农林学科排名第一瓦格宁根大学负责科研，将科研成果放在某个温室基地进行孵化和推广，温室基地做一些应用型的研究以后，再将成果推广到公司企业。瓦赫宁根大学涵盖了荷兰现代农业最前沿的技术。瓦赫宁根大学的实验园区是与诸多园艺高科技企业合作打造的以科技研发、展示和推广为亮点的实验基地（图6-23）。不仅拥有传统温室，还拥有灯光、温度、空气相对湿度、二氧化碳补给量等培养因子可以精确控制的现代化温室及特殊植物材料研究的温室（如转基因生物、检疫生物、植物病

图6-23　荷兰瓦赫宁根大学设施农业试验温室

原体等）。此外，Unifarm还拥有240hm²实验场地，先进的农业设备可用于田间农作物的研究，为瓦赫宁根大学的农业研究提供了可靠的保障，助力农业科技的创新和发展。

四、日本千叶大学植物工厂

（一）植物工厂发展背景

早期的植物工厂规模比较小，主要是在实验室内使用，采用人工气候室进行控制，运行成本比较高。植物工厂真正开始发展是在20世纪70年代初至80年代中期，在此期间一些发达国家开始植物工厂的相关研究和试验，并取得了丰硕的研究成果。其中，日本在植物工厂的研究和市场投入方面都走在世界的前列，而且大规模的市场化也得到了日本政府的积极支持。进入20世纪80年代以后，植物工厂的发展速度更为迅猛，日本和荷兰等国家相继成立了植物工厂协会，极大地推动了植物工厂的普及与发展。植物工厂栽培的对象主要包括花卉、蔬菜、药材和食用菌以及水果等。植物工厂可以大幅提高单位土地利用率、产出率和经济效益，自动化程度高，具有生产计划性，使农产品安全无污染，生产操作省力。植物工厂可以在极端恶劣的环境条件下进行生产，有利于农业摆脱资源与环境的限制，实现农业的可持续发展。因此，植物工厂被认为是21世纪解决世界资源、人口和环境问题的重要途径，也是未来高科技工程（如航天工程、海洋探索工程）中实现食物自给的重要途径。目前，仅有日本、美国和荷兰等少数发达国家掌握这项技术。

（二）项目概况

日本千叶大学植物工厂（图6-24）于2011年立项开始建造，由政府拨款13亿日元（约1亿元人民币），以千叶大学为首，共有60家企业参与到这个项目中，是日本产学研结合的典范。日本设施园艺协会非常重视对于植物工厂的研究，每月都会组织召开一次植物工厂学习会，截至目前，已召开了120次。植物工厂是在封闭的结构中利用环境调控设备控制环境，工作人员通过一套独有的"成长管理系统"对蔬菜生长进行监控，10天叶菜类植物即可从5g长到100g，并进行采收，一年可以种植36次，是露地栽培模式的36倍，10层的话就为360倍。

植物工厂是密闭的环境，蔬菜从开始种植到成苗需要约20天，在此基础上，再过10多天就可以收获。植物工厂共有8栋，每一栋由一家企业牵头研究，主要种植作物为番茄和叶菜。一个需要10个人管理的植物工厂大棚，一年能收获100万株蔬菜，销售额为1亿日元（约587万元人民币）。植物工厂还设有参观室，里面有很多供家庭和大学教学使用的小型植物工厂，大小同冰箱冷柜相当，还可以通过手机APP和其他人建立联系。

（三）项目效益

植物工厂运用了以色列的滴灌技术，能达到少量、多次、精准的供应。日本目前使

图6-24 日本千叶大学植物工厂

用了亏水栽培的概念，因为多项研究表明亏水栽培有利于增加产品的糖度。由于日本对食品安全非常关注，所以该植物工厂生产的蔬菜品相好、无农药残留、生长环境安全洁净、无病虫害侵染，备受消费者欢迎。另外公司还利用植物工厂在温度极低地区如俄罗斯等进行蔬菜生产，满足其对蔬菜稳定供应的需求。目前参与植物工厂项目的企业的主要业务为建立植物工厂自运营，与中国的北京、内蒙古、上海也有合作项目。

五、中国南和设施农业产业集群

（一）项目概况

中国南和设施农业产业集群位于河北省邢台市南和县贾宋镇，规划总占地面积140hm^2。目前，南和设施农业产业集群一期项目已建设完成，占地面面积16.3hm^2，建设内容包括高效生产智能温室、工厂化育苗温室（催芽室、泵房）、采后分级包装车间、车库仓库、能源房、生活区、集雨池、垃圾处理中心、田间道路及供水供电等基础设施。其中高效生产智能玻璃温室设施面积11.3hm^2。整个温室群是由10个生产温室和1个育苗温室及中部连廊组成，用于番茄、黄瓜和彩椒等水果蔬菜的高效生产。

（二）项目特点

设施农业具有高投入、高技术含量、高产量、高效益等特点，成为现代农业可持续发展的重要措施。南和设施农业产业集群项目以模块化布局，10 hm^{2}作为一个可以独立运行的生产单元，利用无土栽培技术进行果菜规模化高效生产和工厂化高效育苗。果菜类生产以市场容量大、价值高的番茄、黄瓜、彩椒为主要品类，采用改良型文络温室的设施条件，配以椰糠岩棉复合式栽培模式，辅以相应的设施设备，生产模式形成良好的生态微环境；工厂化育苗以果菜类穴盘苗销售和内部自用的岩棉种苗生产为主。整个生产过程按照良好农业规范（GAP）进行，实现作物营养指标和环境的实时监控，并保证蔬菜品质优良。

育苗温室占地面积8000余平方米，可有效供给10栋高效生产温室所需岩棉种植种苗30余万株。其他非自用苗期，育苗温室承担外销瓜菜类订单种苗700余万株。外销蔬菜种苗品种选用京津冀市场前景好、种植面积大、市场主推的辣椒、茄子、番茄、黄瓜等。运营团队依据菜农及蔬菜基地的种植品种和季节性差异，确定蔬菜集约化育苗生产的主要品种、规模、育苗及供苗时间，即制定详细的种苗生产方案。

果菜工厂温室共10栋，占地面积9万多m^2，其中番茄种植温室5栋、黄瓜种植温室3栋、彩椒种植温室2栋。黄瓜一年3茬种植，番茄、彩椒采用一年一茬种植。种植品种选择上，充分考虑中国人的消费习惯，选择抗性强、商品性好、市场上较欢迎的中高档果菜类品种为主，并制定详细的种植方案。

采后物流及包装主要进行蔬菜的采后分拣、称重、包装、打码、周转及运输。首先，经营者统一采收标准，确定采收的规格（单果重）、色泽度、商品的数字化指标，同时作为分拣流水线的自动化数字分拣标准。其次，采用番茄、黄瓜和彩椒三条果菜分拣包装线；划分三个包装级别，简装、精装和净装，以简装和精装为主，净装为针对特殊客户的拼盘，可直接炒食或鲜食。再者，实现极速物流。提前3个月根据蔬菜生长情况预测采收品种和数量，将误差控制在8%以内，根据该数据与市场对接销售季度安排；实时接收采摘实时传输系统信息，微调24h后的市场销售数据，实现产品36h内到达一线市民手中。

（三）项目效益

1. 社会效益

据统计，南和设施产业集群一期项目为当地提供了不少于80个就业岗位，项目建设所需要的场地、电力、通信、供水等基础设施的完善也带动了该区域经济建设和环保事业的发展，拉动了当地的需求和经济发展。

2. 生态效益

项目区实行病虫害环保型综合防治无害化管理，有效减轻了农药、化肥对环境的污染，同时也保护了农业益虫以及害虫的天敌，维护了生态平衡。通过科学的灌溉技术的使用，有效节约了水资源，对改善生态环境起到了积极的作用。

3. 经济效益

项目年运营周期内为社会提供700余万株优质果菜种苗，为当地种植户近3000亩土地提供优质种苗，同时年提供绿色果菜5000余吨，年销售收入达5000余万元，具有较为稳定的收益。

六、经验与启发

（一）非耕地的利用是设施农业可持续发展的重要途径

非耕地设施农业是现代农业的有机组成部分，是指在沙漠、戈壁滩、盐碱地、旱沙地、荒山荒坡、沿海滩涂等不适于耕作的土地上，以现代科学技术和装备为支撑，用现代组织管理和经营方式进行生产，使原本不适于耕作的土地产生较好的经济效益、社会效益和生态效益的一种农业产业发展方式，是解决果、菜等经济作物与粮争地，有效增加耕地的有效途径之一。土地资源紧缺，实现可持续发展的重要途径之一就是向非耕地、垂直空间要生产空间。国外利用非耕地发展高效农业成功的典型有上述西班牙阿尔梅里亚市及以色列等，并取得了显著成效和广泛影响力。我国不乏土地和水资源匮乏的地区，建议社会各界提高认识，加强对发展非耕地设施农业重要意义的宣传，并通过政策引导，鼓励各方投资建设，以增加农业土地资源，提高土地使用率和土地质量，增加耕地面积，提高瓜果蔬菜自给率；同时有效缓解城乡建设用地需求与坚守耕地保有量的矛盾，为社会提供优质蔬菜、果品，促进农产品有效供应；并充分利用光热资源优势，有效节约能耗，发展低碳农业，保护和改善生态环境，从而实现社会可持续发展。

（二）植物工厂将得到较快发展

随着全球人口、资源、环境问题的日益突出，作为种植业高级形态的植物工厂受到全世界的广泛关注，取得了飞快发展。植物工厂系统是高新技术密集型产业的综合体，因其具有其他农业生产方式无法企及的优势，如超强的生产计划性、大幅度节约土地与能源、机械化智能化安全生产等，因此被认为是在一定程度上解决未来资源紧缺、劳动力不足和环境问题的重要途径。目前，我国在这方面的研发投入较掌握相关技术的发达国家还有很大差距，需加大政策、资金及研发力度，加强国际交流与合作。

（三）集群化是设施农业发展的必然趋势

农业产业集群是目前全球普遍存在的现象，在新的历史阶段，已经成为提高农业竞争力、改善农村经济、促进区域整体发展的重要途径。现代农业设施生产在土地产出率、资源利用率和劳动生产率上有着传统农业无可比拟的优势。设施农业产业带来的生产、包装、物流、物资供给等一系列产业的聚集效应，形成现代设施农业产业集群的雏形，涉及选址、建设、工程管理、农业生物环境控制、集群节能、节水、生物防治和农用装备等数十项技术领域，同时还涉及建设实施主体、投资结构、管理方式、成本管控、产品选择和市场营销等诸多现代农业企业的经营管理问题。因此，设施农业产业集群是现代农业发展到一定阶段的产物，是社会、经济条件共同作用下的必然结果，是科技与资金高度聚集的状态，是设施农业高质量发展的必然趋势。从发达国家的经验看，设施农业产业集群在资源综合利用、全程品质监控、现代农业服务业等诸多环节均能产生出新的增长点。我国经过"十三五"设施农业集群战略期的发展，相信在"十四五"期间必将有所突破。

第七章

现代农业展示温室发展对策与展望

第一节
我国现代农业展示温室发展对策

随着人们生活水平的提高，民众对于休闲农业项目的需求越来越多，对于农业科技的深度体验也逐渐增加，现代农业展示温室作为地方农业引爆性项目，在农业是科技的集成展示、技术推广、带动当地产业升级目前也取得了一定成果。

设施农业用地政策方面，《自然资源部 农业农村部关于设施农业用地管理有关问题的通知》(自然资规〔2019〕4号)对于基本农田上设施农业的开展有了一定突破，对于设施农业的开展势必产生巨大的推动作用。

近年来，各级政府对于农业展示温室项目的发展越来越重视，建设规模和资金投入也越来越大。很多功能单一、专业的生产、科研型温室等逐渐向公众开放，温室的功能和配套服务也趋于完善，并出现了农工商一体化的经营业态，项目的规划设计、建设、运营逐渐向科学化发展。

一、建立良好的设计生态系统

目前国内进行农业展览温室项目策划设计的单位多为建筑、温室工程、农业景观、园林景观、展览设计等专业背景，在其各自的设计领域都各有所长。

但随着农业展览温室综合功能的不断叠加，现代农业展览温室对于综合设计能力要求越来越高。针对不同地域环境条件、不同的客户习惯，从温室建筑、景观道路空间设计、农业植物的品种选择和种植方式到不同的文化创意、展陈设计、经营方式等都要有不同的综合设计方案，各专业的合作和相互渗透越来越密切，这就需要各专业设计师不断学习沟通、优化方案，建立良好的设计生态系统，这对于方案的顺利落地至关重要。

二、挖掘多元的展示内容

农业领域涉及动植物种类繁杂，其生活周期和特性各具特色。世界各国农业新优特品种的更新展示同样是项目的一大亮点，随着城市化的发展，游客在其中不断发现很多小时候熟悉的作物，还有各种奇特品种，这也是近些年农业观光休闲兴起的原因之一。

以中农富通近些年在全国各地建设的农业嘉年华为例，均是立足本地农业主导产业，同时引入参与性强的异地特色农业品种。如在大同农业嘉年华全年展示的农业品种就达2000种，其中包括蔬菜、谷物、豆类、花卉、水果、中药等，这些都需要不同方向的农业技术人员对农作物习性进行归类,并分类选择适合其生长的生产环境和技术控制来实现。

所以,农业特点的挖掘是农业展示温室景观方案设计的基础,只有广泛挖掘农业的特异性,才能给游客展示更有趣味性的项目。当然,更多的动植物品种的集中展示,对于设计师和农业技术人员来说也意味着更多的挑战。

三、集成高科技展示方向

(一)温室空间结构、设施设备、节能设计

农业生产型温室最初是用于农业科技生产,主要是单一作物为主,只需满足动植物的生理需求。现代农业展示温室要同时考虑游客的需求,例如空间上一方面要考虑不同植物的高度、不同植物的环境控制等,一方面还要考虑游客的休息环境、视觉、空间游览等,环境控制设备的研究应用越来越多元,从空间使用和外观美观度上异形大跨度温室受到越来越多关注。同时温室的保温节能性能研究也是近年来的热点方向,依各地的项目条件不同,地源热泵、水源热泵、空气源热泵等新能源被逐渐应用到温室中,未来温室的控制也将融合更多人工智能的应用。

(二)农业科技栽培展示

农业科技栽培展示是农业展示温室最核心、最直观的部分,一方面利用现代植物生理研究,最大程度展示出植物难以被人们看到的强大生命力,如"番茄树""辣椒树"等,还有现代无土栽培技术、立体栽培技术、仿生种植技术等;另一方面农作物的育种技术、新奇特品种的展示,也是游客更为关注的内容;此外生态农业也是大家最为关注的问题,通过农业的生态系统展示,如伴侣植物、植物趋避组合的展示等,让游客学到更多的农业知识,增加对农业生态体系的了解。

(三)农业数字技术的应用

随着超速率、广连接、大容量、低时延、高可靠性5G技术的商用,互联网向物联网延伸。互联网基于人的连接,价值趋于饱和,物联网基于物的连接,有着巨大空间,也是实现产业链有效衔接、实现农工商一体化的重要基础,同时产业发展也在向低碳高效的方式转变。

温室一直被广泛用来提高作物产量,现在技术已趋于成熟,规模庞大、部署广泛,同时在能源、照明、环境控制、灌溉、监测和自动化方面融入了很多创新,在一些温室作业中,生产已完成了自动化。同时精准农业、数字农业、全球质量安全追溯、智能农业、卫星大数据已逐渐应用到生产中。这些自动化生产过程和设备应用,都可以在展览温室模拟展示,有助于科研工作者模拟试验和农民模拟学习。然而国内现代温室智能控制参数数据跟国外相比仍有较大差距,由于条件限制,学生无法对温室内先进设备进行

全面的学习和认知。虚拟现实技术的发展，将仿真展示平台应用于试验教学，对学生动手能力和实践能力将有很大的提升。

数字旅游方面，游客通过网络更方便选择适合自己的体验项目和游览方式，同时更有利于设计方和经营方了解游客的需求，从而优化展室温室的设计。

四、满足不断变化的多功能需求

农业展示温室的功能包括品种收集保育、技术应用示范、农产品展销、生态餐厅等，通过参与性的项目展示方式，不仅对地方农业的品种技术推广有很大作用，同时也满足了游客观光、青少年科普、农业工作者互相交流的需求。

人们生活方式的转变也对休闲农业提出了更高的要求，拥有艺术展览、主题活动、特色经营区域或景观美陈等新兴业态，能满足自拍"打卡"等个性化需求的农业综合体更符合年轻人的消费心理。

另外，打破常规的展示设计方式更能引发游客的好奇心，科普展陈与智能、多媒体展览技术结合的现代手段和方式，如括交互式的展陈方式更吸引游客，让游客直观互动，还可以让游客进行分类体验。又如，可以根据课程设置不同的中小学生游学项目，还可让其进入后台（科研温室）深度体验，培养孩子们的农业兴趣。

五、开展新的业态

由于农业展示温室的产业延伸、经营业态的复杂多样，对于技术管理和综合运营有着巨大的挑战。对于有着复杂业态的农业综合展示温室群来说，如中农富通运营的农业嘉年华项目，从农业种植领域科技展示、生态餐厅的经营场所设计、萌宠的展示设计，再到农业奥特莱斯（outlets）的理论业态研究和落地设计，不只要考虑景观和运营项目的设计，还要考虑游客的体验需求、参与商家的专业运营等。

由于对农业的资本投入逐年增加，人们的生活方式向多元化转变，新型农业经营主体负责人受教育水平提高，对参与农业新业态的抵触情绪变低，接受的新事物（新品种、新设备、新技术）越来越多，参与农业新业态生产方式的意愿也越来越强。中农富通在农业展示温室的内容和业态方面也在不断创新，从农业科技展示、生产、加工、售卖、餐饮、商业合作等各环节不断引入新的内容和业态，来丰富项目的参与性，增加游客的黏性。其中，莘县农业嘉年华项目开始萌宠、动物养殖尝试，洋河农业嘉年华项目开始农业奥特莱斯（outlets）的尝试，再到以水科技、水产品、水产业为展示核心的沁源水漾年华、金湖水漾年华等主题园区拓展，农业综合体的形式已初具规模，但都市农业的专业化经营、营利性设计和经营模式还需要进一步研究，同时农业行业的农工商专业化体系建设还需要相应的社会制度优化、社会组织完善以及主体的跨界合作等。

第二节
我国现代农业展示温室发展展望

随着人们对美好生活需求的日益增长，现代农业展示温室作为现代新的产业形式和经济增长点，显示出了强大的生命力和广阔的市场前景。

一、广阔的市场需求

现代农业展示温室以建筑学、设施园艺学、景观设计学等多学科及高新农林科技为技术依托，融合形成可观赏、可参与的展示实体，其新奇度、科技感、创新性区别于其他景观形态，且具有广泛的群众基础，如对农林科技人员、园艺爱好者、学生群体、城市游客群等有着不同层面的吸引力，因此市场前景广阔。

二、良性经营的技术水平

与专业科研单位、高等院校或策划、设计、建设及运营团队的广泛合作，将使得现代农业展示温室在高新技术运用和更新上有着其他观光项目不具备的优势，这也是现代农业展示温室良性经营的保障。

三、需要强有力的资金保障

现代农业展示温室从基础建设到后期运营管理都需要大量的资金投入，强有力的资金保障对于现代农业展示温室的健康运营有着至关重要的意义。

四、可塑性与常新态

现代农业展示温室的景观构成最重要的特点，就是可以通过环境调控技术实现景观的可塑性。与一般传统景观相比，通过合理的种植安排和景观工程结构调整、装饰工程创新设计，不仅能展现不同的植物景观，而且能根据项目活动需求及时调整景点、观赏区的内容和内涵，使得项目经营具有常新的状态。

最后，相信随着人们对现代农业展示温室认识的逐步加深，对温室的景观营造也会有更高的要求，希望本书可以对今后温室景观的发展起到一定的借鉴意义，力求从景观理念、社会功能出发将现代农业展示温室塑造成一个融科学、知识、趣味和观赏为一体的展示平台，给人以美、奇、妙的享受。同时希望在温室建筑空间内大做绿化、美化的文章，形成生态购物中心、园林式宾馆、花园大厅等，突破现代农业展示温室只能建在植物园、世园会、农业园区的框框，扩展现代农业展示温室的理念，逐步构建现代农业展示温室设计和建设的创新体系，这也是现代农业展示温室的发展方向。

参考文献

[1] 张天柱. 现代农业观光温室景观设计与案例分析[M]. 北京：中国轻工业出版社，2013.
[2] 冯广和. 世界各国现代温室的发展[J]. 农村实用工程技术，2004（5）：29-30.
[3] 郭世荣，孙锦，束胜，等. 国外设施园艺发展概况、特点及趋势分析[J]. 南京农业大学学报，2012（5）：47-56.
[4] 钟钢. 国内外温室发展历程、现状及趋势[J]. 农业科技与装备，2013（9）：68-69.
[5] 顾谦倩. 探析设计如何创造文化附加值[J]. 艺术与设计：理论，2009（12）：11-13.
[6] 刘冬梅，乔梦萍，肖能文，等. 国际生物遗传资源迁地保护浅析[J]. 环境与可持续发展，2016（6）：34-35.
[7] 吴明豪. 浅析应用景观生态学理论的风景园林规划方法[J]. 建筑与文化，2016，143（2）：176-177.
[8] 王昭艳，张旭东，周金星，等. 景观生态学在城市水土保持规划中的应用[J]. 水资源与水工程学报，2007，18（6）：32-34.
[9] 杨清，郗望，吕元林，李兴贵，袁慧坤，许再富. "扶荔宫"展览温室室内景观总体设计及植物配置方案[J]. 林业调查规划，2018（2）：163-174.
[10] 李炜民. 北京植物园展览温室的规划与建设[J]. 北京园林，2003（4）：11-15.
[11] 张书谦，王秀，赵士强. 从世园会植物馆看景观展览温室的发展趋势[J]. 农业工程技术，2013（7）：22-25.
[12] 王丹. 现代设施园艺与园林景观设计的结合分析探究[J]. 现代园艺，2019（8）：87-88.
[13] 何加宜，李永红. 关于《植物园设计标准》编写中若干问题的思考和探讨[J]. 中国园林，2019（8）：94-97.
[14] 杨清，郗望，吕元林，李兴贵，袁慧坤，许再富. 昆明植物园扶荔宫温室群总体规划[J]. 林业调查规划，2017（3）：157-162.
[15] 魏勇军，秦华，周倩. 论展览温室室内空间的优化利用设计——以重庆市植物园展览温室景观设计为例[J]. 西南师范大学学报，2008（1）：126-130.
[16] 杨庆华，黄卫昌，胡永红. 上海辰山植物园展览温室的建设与思考[J]. 中国园林，2013（9）：89-92.
[17] 徐慧博，雷茵茹，崔丽娟，等. 以"万生苑"为例谈展览温室在园林景观营造中作用[J]. 山西建筑，2018（10）：197-199.
[18] 宋向光. 博物馆展陈内容多元构成析[J]. 东南文化，2015（1）：113-116.
[19] 赵聆实. 论博物馆展陈内容设计的目标管理[J]. 中国博物馆，2014（1）：69-74.
[20] 严志刚. 我国农业观光温室的发展和景观规划设计研究[D]. 南京：南京农业大学，2006.
[21] 张书谦，王秀，赵士强. 从世园会植物馆看景观展览温室的发展趋势[J]. 农业工程技术·温室园艺，2013（7）：22-25.

[22] 孙锦, 高洪波, 田婧, 等. 我国设施园艺发展现状与趋势[J]. 南京农业大学学报, 2019, 42（4）: 594-604.

[23] 汤晓敏, 王云. 景观艺术学: 景观要素与艺术原理[M]. 上海: 上海交通大学出版社, 2009.

[24] 郭原, 于飞. 地学博物馆信息化管理的成本效益分析——以中国地质博物馆为例[J]. 地球学报, 2017（2）: 200-303.

[25] 王国彬, 展陈设计中交互式博物馆的理念剖析[J]. 包装工程, 2015, 36（8）: 26-29.

[26] 刘涛, 以用户为中心的交互式科普展览的设计方法研究[D]. 北京: 北京邮电大学, 2011.

[27] 王哲. 博物馆展示空间中的体验性设计研究[D]. 沈阳: 鲁迅美术学院, 2017.

[28] 曹娓, 王渊, 姜卫兵, 等. 农业观光温室项目发展现状与开发对策[J]. 江苏农业科学, 2010（3）: 245-247.

[29] 罗子荃. 论新加坡滨海南花园的室内生态可持续设计——以"云雾森林" Cloud Forest 园为例[J]. 设计艺术研究, 2013, 3（4）: 27-34.

[30] 吴婷. 景观温室的发展及景观规划设计[J]. 现代园艺, 2015（8）: 99-100.

[31] 黄量, 黄成林, 卜崇兴, 等. 上海市景观温室分类及设计初探[J]. 安徽农学通报, 2007, 13（22）: 24-26.

[32] 杨杰章. 农业观光温室景观规划设计初探[D]. 广州: 仲恺农业工程学院, 2017.

[33] 鲁瑶. 生态文明建设背景下设施园艺景观在城乡造景中的设计研究[D]. 福州: 福建农林大学, 2019.

[34] 束胜, 康云艳, 王玉, 等. 世界设施园艺发展概况、特点及趋势分析[J]. 中国蔬菜, 2018, 353（7）: 7-19.

[35] 付志伟, 杨明, 王彬汕. 展览温室发展机制与模式初探[C]. 2014 "城市园林绿化与和谐宜居之都建设"学术论坛. 2014.

[36] 王先杰. 设施园艺在旅游观光农业中的规划设计及其应用的研究[D]. 沈阳: 东北农业大学, 2000.

[37] 王智鹏. 温室类公共建筑结构体系选择及节点试验研究[D]. 天津: 河北工业大学, 2015.

[38] 周倩. 植物展览温室景观规划设计[D]. 重庆: 西南大学, 2008.

[39] 蒲亚锋. 温室生态餐厅景观设计研究与探索[D]. 杨凌: 西北农林科技大学, 2009.

[40] 陈萱. 大型展览温室景观营造与维护关键技术研究[D]. 上海: 上海交通大学, 2018.

[41] 李莹莹. 设施园艺在观光农业规划设计中的应用研究——以合肥"生态园"为例[D]. 合肥: 安徽农业大学, 2014.

[42] 张梁. 温室生态餐厅植物景观设计研究[D]. 长沙: 湖南农业大学, 2011.

[43] 范世方. 展览温室景观设计研究——以上海辰山植物园展览温室为例[D]. 上海: 上海交通大学, 2012.

[44] 刘敏. 浅析应用景观生态学理论的风景园林规划方法[J]. 现代物业旬刊, 2018（10）: 265.

[45] 郝燕, 董成林. 景观生态学与园林规划设计[J]. 现代园艺, 2019（2）: 61-62.

[46] 戴菲, 赵文睿, 陈宏. 探索垂直农业与都市景观结合的方式——新加坡垂直农场的研究与启迪[J]. 城市建筑, 2019, 16（8）: 128-132.

[47] 刘自飞, 贾小红, 赵永志, 等. 西班牙阿尔梅里亚农业水肥一体化技术发展的经验及借鉴[J]. 中国农业信息, 2016（7）: 60-62.

[48] 顾谦倩. 探析设计如何创造文化附加值[J]. 艺术与设计（理论）, 2009（12）: 13-15.

[49] 胡龙芬. 如何文化为民提高文化"附加值"[J]. 大众文艺, 2012（22）: 210.
[50] 周建波. 生物多样性价值及研究现状[J]. 生物化工, 2019, 5（1）: 158-161.
[51] 司姗姗. 浅谈中国植物引种与迁地保护[J]. 农业与技术, 2017（8）: 28.
[52] 黄宏文, 张征. 中国植物引种栽培及迁地保护的现状与展望[J]. 生物多样性, 2012, 2（5）: 559-571.
[53] 郭翎. 绰约风采万生苑——记北京植物园观赏植物大温室[J]. 园林, 2002（2）: 25-26, 76.
[54] 《建筑创作》杂志社. 北京植物园展览温室设计[M]. 济南: 山东科学技术出版社, 2005.
[55] 衣莉芹. 农业会展对举办地经济发展的影响研究[D]. 泰安: 山东农业大学, 2018.
[56] 杨冰, 林亚琼. 中国（寿光）国际蔬菜科技博览会的发展现状及成功经验[J]. 农村经济与科技, 2016, 27（12）: 50-51.
[57] 杨骁. 北京农业嘉年华调查分析与思考[J]. 北京农业职业学院学报, 2019, 33（3）: 7-11.
[58] 陈小文, 刘彩霞, 郝天民, 等. 农业嘉年华——现代都市农业园区的新业态[J]. 中国农业信息, 2017（11）: 38-41.
[59] 赵鹏, 张天柱, 刘鲁江. 农业嘉年华模式初探[J]. 北方园艺, 2017（13）: 181-189.
[60] 孙猛. "南果北种"产业发展中的问题与思路[J]. 北方果树, 2019, 211（3）: 47, 55.
[61] 郭长江, 杨改云. 玻璃温室结构设计[J]. 郑州轻工业学院学报, 2000（1）: 65-67.
[62] 李媛琴, 丁荣, 吴凡, 黄煜. 超大空间消防设计策略——以深圳国际会展中心消防设计为例[J]. 建筑技艺, 2019（8）: 104-107.
[63] 方瑞钢, 陆桦. 玻璃温室结构设计探讨[J]. 农村实用工程技术（温室园艺）, 2005（9）: 32-33.
[64] 韦志会. 5G助力农业现代化浅议[J]. 合作经济与科技, 2020（3）: 22-23.
[65] 田纯刚. 放宽休闲农业和乡村旅游用地政策的建议[J]. 中国合作经济, 2018（3）: 16-17.
[66] 张雯. 农业部再挺休闲农业首次明确"农家乐"用地政策[J]. 农村. 农业. 农民（A版）, 2015（10）: 17.
[67] 范来城. 轻型钢结构房屋改造建筑结构设计要点分析[J]. 居舍, 2019（34）: 129.
[68] 朱梓荣. 设施农业用地政策的五大改进和突破[J]. 中国农垦, 2020（1）: 4-7.
[69] 程勤阳. 温室结构设计的基本方法（一）——温室结构设计基本要求及构件计算[J]. 农业工程技术（温室园艺）, 2006（9）: 11-12.
[70] 周远波. 现代农业园区用地政策探讨[J]. 中国土地, 2001（11）: 30-31.
[71] 赵玉安, 王俊, 杨录军, 杨书才, 蒋拴丽. 新环保政策下北方温室花卉生产应对策略[J]. 中国园艺文摘, 2017, 33（11）: 177-178.
[72] 王乃江. 现代温室技术及应用[M]. 杨凌: 西北农林科技大学出版社. 2008.
[73] 张福墁. 设施园艺学[M]. 北京: 中国农业大学出版社. 2001.